これだけはつかみたい 微分積分

来嶋大二　田中広志　小畑久美　著

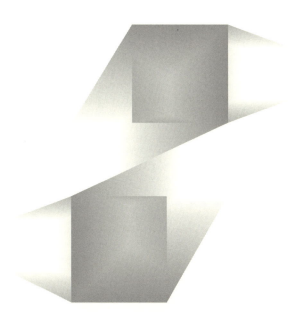

共立出版

はじめに

　科学・技術の分野で数学を活用するために，大学 1 年生で学ぶ微分積分学のテキストとして書かれた入門書である．

　本書は，あとがきを除くと 7 章からなる．第 4 章までは「微分とその応用」がその内容である．第 5 章から第 7 章までは「積分とその応用・偏微分」がその内容である．前期と後期に分けて本書を使用するときは前半の 4 章と後半の 3 章に分けることを想定している．2 変数関数の極値問題や重積分についてはふれていない．問題の量はやや少なめになっている．講師の方にはレポート問題等，適宜補充してください．

　「あとがき」では本文の補足説明をし，次に問題の解答を載せた．補足説明には，実際の講義では時間や難度の点で取り扱うことが難しいと思われる部分を書いた．

　本書の執筆に際して多くの方々から貴重な意見を賜った．お礼を申し上げます．
　最後に，本書の企画に寛大な理解を示してくださった共立出版と，編集業務を担当された同社の三浦拓馬氏にこころから感謝の意を表します．

2015 年 1 月　　　　　　　　　　　　　　　　　　　　著者一同

目　次

はじめに　iii

第 1 章　導関数　　1
1.1　三角関数の定義　　1
1.2　グラフの移動　　5
1.3　関数の極限　　7
1.4　三角関数と極限　　10
1.5　連続関数　　12
1.6　導関数　　15

第 2 章　微分　　19
2.1　積・商の導関数　　19
2.2　合成関数・逆関数　　22
2.3　対数法則　　26

第 3 章　色々な関数の導関数　　29
3.1　三角関数の導関数　　29
3.2　指数関数・対数関数の導関数　　30
3.3　媒介変数表示・逆三角関数　　35

第 4 章　微分の応用　　43
4.1　平均値の定理　　43

4.2　ロピタルの定理 …………………………………… 46
　4.3　関数の増減 ……………………………………… 49
　4.4　高次導関数 ……………………………………… 51
　4.5　マクローリン展開 ………………………………… 53

第 5 章　不定積分　61
　5.1　色々な関数の不定積分 …………………………… 61
　5.2　置換積分 ………………………………………… 65
　5.3　部分積分 ………………………………………… 68
　5.4　分数式の積分 …………………………………… 70
　5.5　三角関数の置換積分 …………………………… 74
　5.6　無理式の積分 …………………………………… 77

第 6 章　定積分　79
　6.1　定積分の計算方法 ……………………………… 79
　6.2　定積分の置換積分と部分積分 ………………… 82
　6.3　広義積分 ………………………………………… 84
　6.4　面積・体積・曲線の長さ ………………………… 87

第 7 章　偏微分　97
　7.1　偏微分と接平面 ………………………………… 97
　7.2　合成関数の偏微分 ……………………………… 100

あとがき　103
　8.1　微分 ……………………………………………… 103
　8.2　積分 ……………………………………………… 107

索　引　131

第1章 導関数

1.1 三角関数の定義

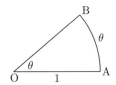

図のように半径1の扇形 OAB がある．その弧 AB の長さで中心角の大きさを定める方法を**弧度法**という．単位はラジアンという．半径1で中心角が直角の扇形の弧の長さは $\dfrac{\pi}{2}$ なので，

$$\frac{\pi}{2} \text{ラジアン} = 90°$$

である．ラジアンは省略することが多い．なお 90° などの角の測り方は度数法とよばれる．

問題 1.1 度数法で表された角は弧度法に，弧度法で表された角は度数法になおせ．基本となる関係式は $\pi = 180°$ である．
(1) $30°,\ 60°,\ 90°,\ 120°,\ 270°$
(2) $\dfrac{\pi}{4},\ \dfrac{\pi}{3},\ \dfrac{5}{6}\pi,\ \dfrac{4}{3}\pi$

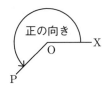

平面で点 O を中心に半直線 OP を回転させる．左回り (時計の針の回転と逆の向き) を正の向きといい，右回りを負の向きという．始線 OX から始めて動径 OP が回転するとき，正の向きに測った回転の角を正の角，負の向きに測った回転の角を負の角という．このように回転の向きと大きさを表した角を**一般角**という．動径が 1 回転すると 2π，2 回転すると 4π，負の向きに 1 回転すると -2π の角を表す．次が成立する．

$\boldsymbol{\alpha}$ だけ回転した動径と $\boldsymbol{\alpha + 2n\pi}$ だけ回転した動径は同じ位置にある．

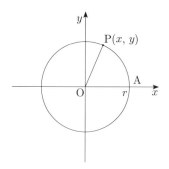

xy 平面に点 $\mathrm{A}(r,0)$ がある．ただし r は正とする．線分 OA を原点の回りに θ（ラジアン）だけ回転した線分を OP とする．P の座標を $\mathrm{P}(x,y)$ とするとき

$$\cos\theta = \frac{x}{r},\ \sin\theta = \frac{y}{r},\ \tan\theta = \frac{y}{x}\ (x \neq 0)$$

と定める．

問題 1.2 三角関数の値を記入して次の表を完成せよ．ただし $\tan\theta$ は定義されないところがある．

θ	0	$\dfrac{\pi}{6}$	$\dfrac{\pi}{4}$	$\dfrac{\pi}{3}$	$\dfrac{\pi}{2}$	$\dfrac{2\pi}{3}$	$\dfrac{3\pi}{4}$	$\dfrac{5\pi}{6}$	π
$\sin\theta$									
$\cos\theta$									
$\tan\theta$									

表 1.1

三角関数の基本的な公式と今後必要になる公式をあげておく．

(1) $\sin^2\theta + \cos^2\theta = 1$, $\tan x = \dfrac{\sin x}{\cos x}$

(2) $\sin(-x) = -\sin x$, $\cos(-x) = \cos x$, $\tan(-x) = -\tan x$

(3) $\sin(x+2\pi) = \sin x$, $\cos(x+2\pi) = \cos x$, $\tan(x+\pi) = \tan x$

(4) 加法定理

$\sin(x+y) = \sin x \cos y + \cos x \sin y$

$\cos(x+y) = \cos x \cos y - \sin x \sin y$

(5) 倍角公式

$\sin 2x = 2\sin x \cos x$

$\cos 2x = \cos^2 x - \sin^2 x = 2\cos^2 x - 1 = 1 - 2\sin^2 x$

(6) $\cos^2 x = \dfrac{1+\cos 2x}{2}$, $\sin^2 x = \dfrac{1-\cos 2x}{2}$

(7) $1 + \tan^2 x = \dfrac{1}{\cos^2 x}$

(8) $\cos\left(x+\dfrac{\pi}{2}\right) = -\sin x$, $\cos\left(x-\dfrac{\pi}{2}\right) = \sin x$

$\sin\left(x+\dfrac{\pi}{2}\right) = \cos x$, $\sin\left(x-\dfrac{\pi}{2}\right) = -\cos x$

三角関数 $y = \cos x$, $y = \sin x$, $y = \tan x$ のグラフを描いておく.

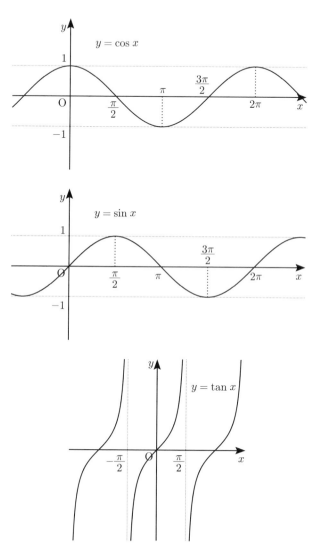

例 1.3 関数 $y = f(x)$ において，$f(x) = f(x+c)$ となる定数 c が存在するとき $f(x)$ を周期 c の周期関数という．$y = \sin x$, $y = \cos x$ は周期 2π の周期関数であり，$y = \tan x$ は周期 π の周期関数である．

1.2 グラフの移動

xy 平面でグラフを移動したり拡大したりしたとき，グラフの方程式がどのように変わるかを考える．

■ 平行移動

(1) 点 (x, y) が x 軸方向に a, y 軸方向に b 平行移動した点を (X, Y) とする．このとき $X = x + a$, $Y = y + b$ となる．したがって
$$x = X - a,\ y = Y - b$$
である．

(2) $y = f(x)$ で表されるグラフ α を x 軸方向に a, y 軸方向に b 平行移動したグラフを β とする．このとき
$$y - b = f(x - a)$$
が β を表す方程式である．実際 β の任意の点を (X, Y) とすると $(X - a, Y - b)$ は α 上の点である．よって $Y - b = f(X - a)$ が成立するので β のグラフは $y - b = f(x - a)$ である．

問題 1.4 次の関数を x 軸方向に a, y 軸方向に b 平行移動したグラフの方程式を求めよ．

(1) $y = x^2$　　　(2) $y = \sin x$

■ 拡大・縮小

(1) xy 平面を原点を中心に x 軸方向に a 倍，y 軸方向に b 倍に拡大または縮小する．点 (x,y) が移った点を (X,Y) とすると $X = ax, Y = by$ となる．したがって

$$x = \frac{X}{a},\ y = \frac{Y}{b}$$

である．

(2) $y = f(x)$ で表されるグラフ α を，原点を中心に x 軸方向に a 倍，y 軸方向に b 倍に拡大または縮小したグラフを β とする．このとき

$$\frac{y}{b} = f\left(\frac{x}{a}\right)$$

が β を表す方程式である．説明は平行移動の場合と同様である．

問題 1.5 放物線 $y = 2x^2$ を x 軸方向に a 倍に拡大したグラフの方程式を求めよ．

■ 直線 $y = x$ に関する対称移動

(1) 直線 $y = x$ に関する対称移動によって，点 (x,y) が (X,Y) に移ったとする．このとき

$$X = y,\ Y = x$$

である．

(2) $y = f(x)$ で表されるグラフを直線 $y = x$ に関して対称に移動する．移動したグラフの方程式は

$$x = f(y)$$

である．

1.3 関数の極限

関数 $f(x)$ において，x が a と異なる値をとりながら限りなく a に近づくとき，$f(x)$ の値が一定の値 α に限りなく近づくならば

$$\lim_{x \to a} f(x) = \alpha \quad \text{または} \quad f(x) \to \alpha \ (x \to a)$$

と表す．α を x が a に近づくときの $f(x)$ の極限値という．

■ 極限の基本性質

$\lim_{x \to a} f(x) = \alpha, \ \lim_{x \to a} g(x) = \beta$ であるとき

(1) $\lim_{x \to a} cf(x) = c\alpha$ （c は定数）

(2) $\lim_{x \to a} \{f(x) \pm g(x)\} = \alpha \pm \beta$

(3) $\lim_{x \to a} \{f(x)g(x)\} = \alpha\beta$

(4) $\lim_{x \to a} \dfrac{f(x)}{g(x)} = \dfrac{\alpha}{\beta}$ （ただし $\beta \neq 0$）

問題 1.6 $f(x) = \dfrac{x^2 - 4}{x - 2}$ のとき $\lim_{x \to 2} f(x)$ を求めよ．

問題 1.7 次の関数の極限を求めよ．

(1) $\lim_{x \to 0} \dfrac{(2+x)^2 - 2^2}{x}$ 　　(2) $\lim_{h \to 0} \dfrac{(a+h)^2 - a^2}{h}$

問題 1.8 次の関数について，極限 $\lim_{h \to 0} \dfrac{f(1+h) - f(1)}{h}$ を求めよ．

(1) $f(x) = x^2$ 　　(2) $f(x) = \sqrt{x}$

(3) $f(x) = \dfrac{1}{x}$ 　　(4) $f(x) = \dfrac{1}{\sqrt{x}}$

∞ は無限大を表す記号である．x が限りなく大きくなることを $x \to \infty$ と表す．たとえば x が限りなく大きくなるとき $f(x)$ が極限値 α に近づくならば

$$\lim_{x \to \infty} f(x) = \alpha \quad \text{または} \quad f(x) \to \alpha \ (x \to \infty)$$

と表す．また x が負で絶対値が限りなく大きくなることを $x \to -\infty$ と表す．

$x \to a$ のとき $f(x)$ の値が限りなく大きくなるならば

「$\boldsymbol{x \to a}$ のとき $\boldsymbol{f(x)}$ は無限大に発散する」

といい $\lim_{x \to a} f(x) = \infty$ と書く．「$\boldsymbol{f(x)}$ の極限は $\boldsymbol{\infty}$ である」ともいう．

$$\lim_{x \to -\infty} f(x) = \alpha, \ \lim_{x \to \infty} f(x) = \infty, \ \lim_{x \to a} f(x) = -\infty$$

などの意味も明らかであろう．

例 1.9 関数 $\dfrac{1}{x}$ において x が限りなく大きくなれば $\dfrac{1}{x}$ は 0 に近づく．すなわち $\displaystyle\lim_{x \to \infty} \dfrac{1}{x} = 0$ となる．

x が a より大きいほうから a に近づくことを $x \to a+0$ と書く．そのとき $f(x)$ が α に近づくならば

$$\lim_{x \to a+0} f(x) = \alpha$$

とかいて，$x = a$ における $f(x)$ の**右側極限値**という．同様に x が a に小さいほうから a に近づくときの極限値を**左側極限値**といって

$$\lim_{x \to a-0} f(x) = \alpha$$

と表す．なお a が 0 の場合は $x \to 0+0$ や $x \to 0-0$ を簡単に $x \to +0$ や $x \to -0$ のように書いて

$$\lim_{x \to +0} f(x) = \alpha, \ \lim_{x \to -0} f(x) = \alpha$$

と表す．

極限値が存在するということは，右側極限値・左側極限値を用いて次のようにいうことができる．

補題 1.10 次は同値である．
(1) $\lim_{x \to a} f(x)$ が存在する．
(2) $\lim_{x \to a+0} f(x)$ と $\lim_{x \to a-0} f(x)$ が存在して，その値が等しい．

例題 1.11 次の極限を求めよ．

(1) $\lim_{x \to +0} \dfrac{1}{x}$ (2) $\lim_{x \to -0} \dfrac{1}{x}$ (3) $\lim_{x \to 0} \dfrac{1}{x}$

[解答] (1) ∞ (2) $-\infty$ (3) 存在しない

次で定義される関数を**符号関数**という．

$$\mathrm{sgn}\, x = \begin{cases} 1 & (x > 0) \\ 0 & (x = 0) \\ -1 & (x < 0) \end{cases}$$

例題 1.12 次の極限値が存在するかどうかを調べよ．

(1) $\lim_{x \to 0} \mathrm{sgn}\, x$ (2) $\lim_{x \to 0} |\mathrm{sgn}\, x|$

[解答]

(1) $\lim_{x \to +0} \text{sgn}\, x = 1$, $\lim_{x \to -0} \text{sgn}\, x = -1$ であり右側極限値と左側極限値が違うので (1) は存在しない.

(2) の極限値は存在してその値は 1 である.

はさみうちの原理とよばれる，次の定理が成り立つ．

定理 1.13　はさみうちの原理

$\lim_{x \to a} f(x) = \lim_{x \to a} g(x) = \alpha$ とする．a と異なる数 x が a の近くで

$$f(x) \leqq h(x) \leqq g(x)$$

となっているならば $\lim_{x \to a} h(x) = \alpha$ である．

例題 1.14　$\lim_{x \to 0} x \sin \dfrac{1}{x} = 0$ を示せ．

[解答]　$x \neq 0$ とする．$0 \leqq \left|\sin \dfrac{1}{x}\right| \leqq 1$ の各辺に $|x|$ を掛けて

$$0 \leqq \left|x \sin \dfrac{1}{x}\right| \leqq |x|$$

となる．$\lim_{x \to 0} |x| = 0$ なので，はさみうちの原理より

$$\lim_{x \to 0} \left|x \sin \dfrac{1}{x}\right| = 0$$

となる．よって $\lim_{x \to 0} x \sin \dfrac{1}{x} = 0$ である．

1.4　三角関数と極限

三角関数の導関数を求めるのに重要な役割をはたす極限値の公式を導く．

命題 1.15

$$\lim_{x \to 0} \frac{\sin x}{x} = 1$$

が成立する．

【証明】

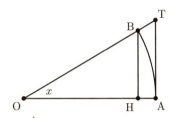

まず右側極限値 $\lim_{x \to +0} \dfrac{\sin x}{x}$ が 1 であることを示す．

x は $0 < x < \dfrac{\pi}{2}$ の範囲にあるとする．図のように半径 1，中心角 x の扇形 OAB を考える．B より線分 OA に引いた垂線を BH とする．また A を通って線分 OA に垂直な線を引き，直線 OB との交点を T とする．
BH $= \sin x$ より $\triangle$OAB $= \dfrac{\sin x}{2}$．また扇形 OAB の面積は $\dfrac{x}{2}$ である．
AT $= \tan x$ より $\triangle$OAT $= \dfrac{\tan x}{2}$ である．

$$\triangle\text{OAB} < \text{扇形 OAB} < \triangle\text{OAT}$$

より

$$\frac{\sin x}{2} < \frac{x}{2} < \frac{\tan x}{2}$$

となる．各辺に $\dfrac{2}{\sin x}$ を掛けると

$$1 < \frac{x}{\sin x} < \frac{1}{\cos x}$$

となる各辺の逆数をとると

$$1 > \frac{\sin x}{x} > \cos x$$

となる．ここで $\lim_{x \to +0} \cos x = 1$ なので，はさみうちの原理より $\lim_{x \to +0} \frac{\sin x}{x} = 1$ である．

つぎに左側極限値 $\lim_{x \to -0} \frac{\sin x}{x}$ が 1 であることを示す．$t = -x$ とおくと $x \to -0$ のとき $t \to +0$ である．

$$\lim_{x \to -0} \frac{\sin x}{x} = \lim_{x \to -0} \frac{-\sin x}{-x} = \lim_{x \to -0} \frac{\sin(-x)}{-x} = \lim_{t \to +0} \frac{\sin t}{t} = 1$$

よって左極限 $\lim_{x \to -0} \frac{\sin x}{x}$ も 1 である． □

問題 1.16 次の極限値を求めよ．

(1) $\lim_{x \to 0} \dfrac{2\sin^2 x}{1 - \cos x}$ (2) $\lim_{x \to 0} \dfrac{\sin 2x}{x}$

ヒント：(1) 分子分母に $1 + \cos x$ を掛ける．
(2) 分子分母に 2 を掛け，命題 1.15 を利用．

1.5 連続関数

関数 $y = f(x)$ がある．

$$\lim_{x \to a} f(x) = f(a) \tag{1.1}$$

が成り立つとき，

$$\boldsymbol{y = f(x) \text{ は } x = a \text{ で連続である}}$$

という．式 (1.1) は，左辺と右辺の式が定義されその値が等しいという意味である．すなわち，

(1) $\lim_{x \to a} f(x)$ が存在する.
(2) $f(a)$ が存在する（$y = f(x)$ は $x = a$ で定義されている）.
(3) $\lim_{x \to a} f(x) = f(a)$

この三つの条件が満たされるとき，$y = f(x)$ は $x = a$ で連続である，という.

次の定理が成り立つ.

定理 1.17

関数 $f(x), g(x)$ が $x = a$ で連続であるとき，次の関数も $x = a$ で連続である.

(1) $cf(x)$（c は定数）
(2) $f(x) \pm g(x)$
(3) $f(x)g(x)$
(4) $\dfrac{f(x)}{g(x)}$（ただし $g(a) \neq 0$）

例題 1.18 $y = |\operatorname{sgn} x|$ の $x = 0$ における連続性を調べよ.

[解答] 連続の定義にある条件 (1), (2), (3) を調べる.
$$\lim_{x \to +0} |\operatorname{sgn} x| = 1, \quad \lim_{x \to -0} |\operatorname{sgn} x| = 1$$
より $\lim_{x \to 0} |\operatorname{sgn} x| = 1$ となり (1) が成立する.

$|\operatorname{sgn} 0| = 0$ より (2) が成立する．しかし $\lim_{x \to 0} |\operatorname{sgn} x| \neq |\operatorname{sgn} 0|$ なので (3) は成り立たない．よって $y = |\operatorname{sgn} x|$ は $x = 0$ で連続ではない.

例題 1.19 関数 $y = f(x)$ を

$$f(x) = \begin{cases} x \sin \dfrac{1}{x} & (x \neq 0) \\ 0 & (x = 0) \end{cases}$$

と定める．$y = f(x)$ の $x = 0$ における連続性を調べよ．

[解答] 例題 1.14 で

$$\lim_{x \to 0} f(x) = \lim_{x \to 0} x \sin \frac{1}{x} = 0$$

であることを示した．よって

$$\lim_{x \to 0} f(x) = f(0)$$

となり $y = f(x)$ は $x = 0$ で連続である．

区間には有限区間と無限区間がある．有限区間には次の四つのタイプがある．

$$a < x < b,\ a \leqq x < b,\ a < x \leqq b.\ a \leqq x \leqq b$$

これらはそれぞれ次のように表される．

$$(a, b),\ [a, b),\ (a, b],\ [a, b]$$

無限区間には次の五つのタイプがある．

$$x < a,\ x \leqq a,\ a < x,\ a \leqq x,\ \text{すべての実数}$$

これらはそれぞれ次のように表される．

$$(-\infty, a),\ (-\infty, a],\ (a, \infty),\ [a, \infty),\ (-\infty, \infty)$$

関数 $y = f(x)$ がある．$f(x)$ が定義されるような x の範囲を定義域という．また y の値の範囲を値域という．

区間 I を定義域とする関数 $f(x)$ を考える．I の任意の点で $f(x)$ が連続であるとき，$f(x)$ は区間 I で連続であるという．

1.6 導関数

関数 $y = f(x)$ において
$$\frac{f(b) - f(a)}{b - a}$$
を $x = a$ から $x = b$ までの平均変化率という．この平均変化率は，2 点 $A(a, f(a))$, $B(b, f(b))$ を通る直線 AB の傾きを表している．ここで a, b は異なる数であるがその大小は問題にしない．

$x = a$ から $x = a + h$ までの平均変化率は
$$\frac{f(a+h) - f(a)}{h}$$
である．上で注意したように h は正とは限らない．この平均変化率において，h を 0 に近づけたときの極限値が存在するならば，その極限値を

関数 $f(x)$ の $x = a$ における**微分係数**

といい，$f'(a)$ と表す．$f'(a)$ が存在するとき

関数 $f(x)$ は $x = a$ で**微分可能である**

という．

例題 1.20 次の関数の微分係数 $f'(1)$ を求めよ．

(1) $f(x) = x^2$ (2) $f(x) = \sqrt{x}$

(3) $f(x) = \dfrac{1}{x}$ (4) $f(x) = \dfrac{1}{\sqrt{x}}$

ヒント：問題 1.8 参照．

命題 1.21 $y = f(x)$ が $x = a$ で微分可能ならば，$x = a$ で連続である．

【証明】 $y = f(x)$ が $x = a$ で微分可能ならば，

$$\lim_{h \to 0} f(a+h) = f(a)$$

となることを示せばよい．

$$\lim_{h \to 0}\{f(a+h) - f(a)\} = \lim_{h \to 0} \frac{f(a+h) - f(a)}{h} \times h = f'(a) \times 0 = 0$$

よって $\lim_{h \to 0} f(a+h) = f(a)$ が成立する． □

例題 1.22 関数 $y = f(x)$ がある．
(1) $x = a - h$ から $x = a + h$ までの平均変化率の式を書け．
(2) 小問 (1) で求めた平均変化率の $h \to 0$ のときの極限値を求めよ．

[解答] (1) $\dfrac{f(a+h) - f(a-h)}{2h}$

(2)

$$\lim_{h \to 0} \frac{f(a+h) - f(a-h)}{2h} = \lim_{h \to 0} \frac{f(a+h) - f(a) + f(a) - f(a-h)}{2h}$$

$$= \lim_{h \to 0} \frac{1}{2}\left\{\frac{f(a+h) - f(a)}{h} + \frac{f(a-h) - f(a)}{-h}\right\} = f'(a)$$

関数 $y = f(x)$ のグラフにおいて，微分係数 $f'(a)$ はグラフ上の点 $(a, f(a))$ における接線の傾きである．よって接線の方程式は

$$y - f(a) = f'(a)(x - a)$$

である．

$y = f(x)$ が区間 I の任意の点で微分可能であるとき，$f(x)$ は I で微分可能であるという．微分可能な関数 $f(x)$ において $x = a$ にその微分係数 $f'(a)$ を対応させたものを，x の関数とみなすことができる．それを $f'(x)$ と書き $f(x)$ の**導関数**という．導関数が存在するとき $f(x)$ は**微分可能**であるといい，導関数を求めることを**微分する**という．導関数 $f'(x)$ を定義により求める場合は

$$f'(x) = \lim_{h \to 0} \frac{f(x+h) - f(x)}{h}$$

を計算する．

$f(x)$ の導関数を表す記号として，$f'(x)$ のほかに，

$$y', \quad \{f(x)\}', \quad \frac{dy}{dx}, \quad \frac{d}{dx}f(x)$$

などが用いられる．

問題 1.23 次の関数の導関数を定義に従って求めよ．
(1) $y = c$（c は定数） (2) $y = x$ (3) $y = x^2$

問題 1.24 次の関数の導関数を定義に従って求めよ．
(1) $y = \dfrac{1}{x}$ (2) $y = \sqrt{x}$

例題 1.25 次の関数が $x=1$ で微分可能となるように定数 a,b を定めたい．

$$f(x) = \begin{cases} x-1 & (1 \leqq x) \\ ax^2+bx & (x<1) \end{cases}$$

(1) $f(x)$ が $x=1$ で連続となるように b を a の式で表せ．
(2) $f(x)$ が $x=1$ で微分可能となるように a の値を定めよ．

[解答] (1) について．$f(1)=0$ である．$x=1$ で連続なので

$$\lim_{x \to 1-0} ax^2+bx = a+b = 0$$

より $b=-a$ である．
(2) について．微分係数の右側極限値は

$$\lim_{x \to 1+0} \frac{f(x)-f(1)}{x-1} = \lim_{x \to 1+0} \frac{x-1}{x-1} = 1$$

左側極限値は

$$\lim_{x \to 1-0} \frac{f(x)-f(1)}{x-1} = \lim_{x \to 1-0} \frac{ax^2-ax}{x-1} = \lim_{x \to 1-0} ax = a$$

よって $a=1$ とすればよい．

第2章 微分

2.1 積・商の導関数

定理 2.1

関数 $y = f(x)$, $y = g(x)$ は微分可能とする．次が成立する．
(1) $(cf(x))' = cf'(x)$，ただし c は定数
(2) $(f(x) \pm g(x))' = f'(x) \pm g'(x)$
(3) $(f(x)g(x))' = f'(x)g(x) + f(x)g'(x)$
(4) $\left(\dfrac{1}{g(x)}\right)' = -\dfrac{g'(x)}{g(x)^2}$
(5) $\left(\dfrac{f(x)}{g(x)}\right)' = \dfrac{f'(x)g(x) - f(x)g'(x)}{g(x)^2}$

【証明】 (1),(2) の証明は省略する．

(3) の証明：

$$\{f(x)g(x)\}' = \lim_{h \to 0} \frac{f(x+h)g(x+h) - f(x)g(x)}{h}$$
$$= \lim_{h \to 0} \frac{f(x+h)g(x+h) - f(x)g(x+h) + f(x)g(x+h) - f(x)g(x)}{h}$$
$$= \lim_{h \to 0} \left\{ \frac{f(x+h) - f(x)}{h} g(x+h) + f(x) \frac{g(x+h) - g(x)}{h} \right\}$$
$$= f'(x)g(x) + f(x)g'(x)$$

(4) の証明：

$$\left(\frac{1}{g(x)}\right)' = \lim_{h\to 0}\frac{\frac{1}{g(x+h)} - \frac{1}{g(x)}}{h}$$
$$= \lim_{h\to 0}\frac{1}{g(x+h)g(x)} \times \frac{(-1)\{g(x+h) - g(x)\}}{h} = \frac{-g'(x)}{g(x)^2}$$

(5) の証明：

$$\left(\frac{f(x)}{g(x)}\right)' = \left\{f(x) \times \frac{1}{g(x)}\right\}' = f'(x)\frac{1}{g(x)} + f(x)\left\{\frac{1}{g(x)}\right\}'$$
$$= f'(x)\frac{1}{g(x)} + f(x) \times \frac{-g'(x)}{g(x)^2} = \frac{f'(x)g(x) - f(x)g'(x)}{g(x)^2} \qquad \square$$

a を n 個掛け合わせたものを a の **n 乗** といい a^n と書く．n を指数という．

定義 2.2

(1) $a \neq 0$ で n は正の整数のとき $a^0 = 1$, $a^{-n} = \dfrac{1}{a^n}$ と定める．

(2) $a > 0$ で n は正の整数のとき $x^n = a$ を満たす正の数 x を $\sqrt[n]{a} = a^{\frac{1}{n}}$ と書く．

(3) $a > 0$ で m, n は正の整数のとき $a^{\frac{m}{n}} = \sqrt[n]{a^m}$ と定める．

(4) $a > 0$ で r は正の有理数のとき $a^{-r} = \dfrac{1}{a^r}$ と定める．

---

a, b は正の数，r, s は有理数とする．次の**指数法則**が成立する．

(1) $a^0 = 1$

(2) $a^r a^s = a^{r+s}$, $\dfrac{a^r}{a^s} = a^{r-s}$

(3) $(a^r)^s = a^{rs}$

(4) $(ab)^r = a^r b^r$

a を正の数とするとき，a^r の指数 r は実数まで拡張することができる．指数法則は，r, s が実数のときも成立する．

命題 2.3 n を正の整数とする．関数 $y = x^n$ の導関数は次のようになる

$$y' = (x^n)' = nx^{n-1}$$

【証明】 n に関する数学的帰納法で証明する．
【1】$n = 1$ のとき．問題 1.23 で $(x)' = 1$ であることを示した．よって $n = 1$ のとき成立する．
【2】$n = k$ のとき成り立つと仮定して，$n = k+1$ のときに成り立つことを示す．すなわち

$$(x^k)' = kx^{k-1}$$

を仮定する．積の微分公式を用いて x^{k+1} の導関数を計算する．

$$(x \cdot x^k)' = (x)'x^k + x(x^k)' = x^k + x \cdot kx^{k-1} = (k+1)x^k$$

よって $n = k+1$ のときも成り立つ．
【1】，【2】よりすべての自然数 n に対して $(x^n)' = nx^{n-1}$ が成り立つ．□

命題 2.4 n を負の整数とする．関数 $y = x^n$ の導関数は次のようになる

$$y' = (x^n)' = nx^{n-1}$$

【証明】 $m = -n$ とおくと m は正の整数である．

$$(x^n)' = \left(\frac{1}{x^m}\right)' = \frac{-mx^{m-1}}{x^{2m}} = -mx^{-m-1} = nx^{n-1}$$

よって主張が成立する． □

問題 2.5 つぎの関数を微分せよ．
(1) $x^4 - 8x^3 + 3x^2 - 2$ (2) $(3x+2)(x^2+1)$
(3) $\dfrac{1}{x+2}$ (4) $\dfrac{x+1}{x-2}$ (5) $\dfrac{3x-1}{x^2+2}$

2.2 合成関数・逆関数

二つの関数 $y = g(u)$, $u = f(x)$ がある．関数 $g(u)$ において，変数 u の代わりに $f(x)$ を代入すると，新しい関数 $g(f(x))$ が得られる．この関数を $y = g(u)$ と $u = f(x)$ の合成関数といい，$y = g(f(x))$ または $y = g \circ f(x)$ と表す．たとえば $y = u^3$ と $u = x^2 + 1$ の合成関数は $y = (x^2+1)^3$ である．

命題 2.6 合成関数の導関数
$y = g(u)$, $u = f(x)$ の合成関数 $y = g(f(x))$ の導関数について次が成立する．

$$\frac{dy}{dx} = \frac{dy}{du} \cdot \frac{du}{dx}$$

$$y' = \{g(f(x))\}' = g'(f(x))f'(x)$$

【証明】 $f(x+h) - f(x) = k$ とおく．
$f(x+h) = f(x) + k = u + k$ である．

$$\begin{aligned}
\{g(f(x))\}' &= \lim_{h \to 0} \frac{g(f(x+h)) - g(f(x))}{h} \\
&= \lim_{h \to 0} \frac{g(u+k) - g(u)}{h} \\
&= \lim_{h \to 0} \frac{g(u+k) - g(u)}{k} \times \frac{k}{h} \\
&= \lim_{h \to 0} \frac{g(u+k) - g(u)}{k} \times \frac{f(x+h) - f(x)}{h} \\
&= g'(u) f'(x) \\
&= g'(f(x)) f'(x) \qquad \square
\end{aligned}$$

命題 2.6 の証明について,「あとがき」に関連事項を書いている.

区間 I で定義された関数 $y = f(x)$ と I に含まれる任意の数 x_1, x_2 について,

$$x_1 < x_2 \quad \text{ならば} \quad f(x_1) < f(x_2)$$

が成り立つとき $f(x)$ を単調増加関数という.また

$$x_1 < x_2 \quad \text{ならば} \quad f(x_1) > f(x_2)$$

が成り立つとき $f(x)$ を単調減少関数という.$f(x)$ が区間 I で単調増加関数または単調減少関数であるとき $f(x)$ を単調関数という.

区間 I で定義された単調関数 $y = f(x)$ がある.このとき値域に含まれる任意の y の値に対して,対応する x の値がただ一つに定まる.よって x は y の関数と考えられる.この関数を $x = g(y)$ とおき,さらに x と y を入れ替えて $y = g(x)$ としたものを $y = f(x)$ の逆関数という.$y = f(x)$ の逆関数を $y = f^{-1}(x)$ と書く.例えば $y = \sqrt{x}$ $(x \geqq 0)$ の逆関数は $y = x^2$ $(x \geqq 0)$ である.$y = f(x)$ と $y = f^{-1}(x)$ は定義域と値域が入れ替わる.

$y = f(x)$ のグラフと，その逆関数 $y = f^{-1}(x)$ のグラフは直線 $y = x$ に関して対称である．実際「グラフの移動」のところで考察したように $y = f(x)$ と $x = f(y)$ のグラフは直線 $y = x$ に関して対称であった．ここで $x = f(y)$ が $y = f(x)$ の逆関数 $y = f^{-1}(x)$ である．

命題 2.7 逆関数の微分

逆関数 $y = f^{-1}(x)$ を書き直すと $x = f(y)$ である．$f'(y) \neq 0$ のとき，逆関数の微分は次で与えられる．

$$y' = \{f^{-1}(x)\}' = \frac{1}{f'(y)} \quad \text{あるいは} \quad \frac{dy}{dx} = \frac{1}{\dfrac{dx}{dy}}$$

【証明】 式 $x = f(y)$ の両辺を x で微分する．合成関数の微分法より

$$1 = f'(y)y' \quad \text{よって} \quad y' = \frac{1}{f'(y)} \qquad \square$$

命題 2.8 n を正の整数とする．$r = \dfrac{1}{n}$ とする．関数 $y = x^r$ （定義域は正の実数）の導関数は次のようになる

$$(x^r)' = rx^{r-1}$$

【証明】 $y = x^{\frac{1}{n}}$ より $x = y^n$ である．逆関数の微分法より

$$y' = \frac{1}{f'(y)} = \frac{1}{ny^{n-1}} = \frac{1}{n}y^{1-n} = \frac{1}{n}x^{\frac{1}{n}(1-n)} = \frac{1}{n}x^{\frac{1}{n}-1} = rx^{r-1}$$

よって証明された． $\square$

2.2 合成関数・逆関数

命題 2.9 m を整数，n を正の整数とし，$r = \dfrac{m}{n}$ とおく．関数 $y = x^r$（定義域は正の実数）の導関数は次のようになる

$$(x^r)' = rx^{r-1}$$

【証明】 $y = x^{\frac{m}{n}}$ は $y = u^m$ と $u = x^{\frac{1}{n}}$ の合成関数である．命題 2.8 と合成関数の微分法より

$$\frac{dy}{dx} = \frac{dy}{du}\frac{du}{dx} = mu^{m-1} \cdot \frac{1}{n}x^{\frac{1}{n}-1}$$

$$= \frac{m}{n}(x^{\frac{1}{n}})^{m-1} \cdot x^{\frac{1}{n}-1} = \frac{m}{n}x^{\frac{m}{n}-1} = rx^{r-1}$$

よって証明された． □

問題 2.10 つぎの関数を微分せよ．

(1) $(x+1)^2$　　　　(2) $(2x-3)^3$

(3) $(x+1)^2(2x-3)^3$　　(4) $x + \dfrac{1}{x}$

(5) $\left(x + \dfrac{1}{x}\right)^3$　　　(6) $\dfrac{1}{(x^2+1)^3}$

問題 2.11 つぎの関数を微分せよ．

(1) $\sqrt{1-x^2}$　　(2) $x\sqrt{x+1}$

(3) $\dfrac{x+1}{\sqrt{x}}$　　(4) $\sqrt[3]{x^2}$　　(5) $\dfrac{1}{\sqrt[4]{x^3}}$

2.3 対数法則

1と異なる正の数 a がある．任意の正の数 M に対して $M = a^p$ となる実数 p がただ一つ定まる．これを $\log_a M$ で表し，a を底とする M の対数という．また M を真数という．

$$p = \log_a M \iff M = a^p \tag{2.1}$$

補題 2.12

$$\log_a a^p = p, \quad a^{\log_a M} = M$$

【証明】 式 (2.1) において右辺を左辺にまた左辺を右辺に代入すればよい．
□

命題 2.13 つぎの対数法則が成立する．

(1) $\log_a 1 = 0$

(2) $\log_a a = 1$

(3) $\log_a xy = \log_a x + \log_a y$

(4) $\log_a x^c = c \log_a x$

(5) $\log_a x = \dfrac{\log_b x}{\log_b a}, \ (b > 0, \ b \neq 1)$

【証明】 (1),(2) はそれぞれ $a^0 = 1, a^1 = a$ を対数の形に直したものである．

(3) の証明：

$$a^{\log_a x + \log_a y} = a^{\log_a x} a^{\log_a y} = xy$$

である (左側の等式は指数法則, 右側の等式は補題 2.12 を適用している).
よって対数の定義より (3) が成立する.

(4) の証明：

$$a^{c \log_a x} = \left(a^{\log_a x}\right)^c = x^c$$

である (左側の等式は指数法則, 右側の等式は補題 2.12 を適用している).
よって対数の定義より (4) が成立する.

(5) の証明：

$$b^{\log_b a \log_a x} = \left(b^{\log_b a}\right)^{\log_a x} = a^{\log_a x} = x$$

よって対数の定義より

$$\log_b x = \log_b a \log_a x$$

である. 両辺を $\log_b a$ で割れば (5) の式が導かれる. □

問題 2.14 次の値を求めよ.

(1) $\log_4 64$

(2) $\log_8 4$

(3) $\log_2 \dfrac{4}{3} + \log_2 24$

(4) $\dfrac{\log_3 32}{\log_3 8}$

(5) $\log_3 \sqrt{27}$

(6) $\log_2 24 - \log_4 36$

第3章 色々な関数の導関数

3.1 三角関数の導関数

命題 3.1 $(\sin x)' = \cos x$

【証明】 まず次の極限値を求める.

$$\lim_{h \to 0} \frac{1 - \cos h}{h} = \lim_{h \to 0} \frac{1 - \cos^2 h}{h(1 + \cos h)}$$
$$= \lim_{h \to 0} \frac{\sin h}{h} \cdot \sin h \cdot \frac{1}{1 + \cos h}$$
$$= 1 \cdot 0 \cdot \frac{1}{2} = 0$$

したがって

$$(\sin x)' = \lim_{h \to 0} \frac{\sin(x + h) - \sin x}{h}$$
$$= \lim_{h \to 0} \frac{\cos x \sin h + \sin x \cos h - \sin x}{h}$$
$$= \lim_{h \to 0} \left(\cos x \cdot \frac{\sin h}{h} - \sin x \cdot \frac{1 - \cos h}{h} \right)$$
$$= \cos x \cdot 1 - \sin x \cdot 0 = \cos x \qquad \square$$

命題 3.2 $(\cos x)' = -\sin x$

【証明】 公式 $\cos\left(x + \frac{\pi}{2}\right) = -\sin x$, $\sin\left(x + \frac{\pi}{2}\right) = \cos x$ を利用する.

$$\begin{aligned}(\cos x)' &= \left\{\sin\left(x+\frac{\pi}{2}\right)\right\}' \\ &= \cos\left(x+\frac{\pi}{2}\right)\cdot\left(x+\frac{\pi}{2}\right)' \\ &= \cos\left(x+\frac{\pi}{2}\right) \\ &= -\sin x \end{aligned}$$

□

命題 3.3 $(\tan x)' = \dfrac{1}{\cos^2 x}$

【証明】

$$\begin{aligned}(\tan x)' &= \left(\frac{\sin x}{\cos x}\right)' = \frac{(\sin x)'\cos x - \sin x(\cos x)'}{\cos^2 x} \\ &= \frac{\cos^2 x + \sin^2 x}{\cos^2 x} \\ &= \frac{1}{\cos^2 x}\end{aligned}$$

□

問題 3.4 次の関数を微分せよ．

(1) $y = \cos 3x$　　(2) $y = \tan(2x-3)$

(3) $y = \sin^2 x$　　(4) $y = \tan^2 x$

(5) $y = \sin^3 2x$　　(6) $y = \dfrac{1}{1+\cos x}$

(7) $y = \tan\sqrt{x}$　　(8) $y = \dfrac{\sin x}{\sqrt{1+\cos^2 x}}$

3.2 指数関数・対数関数の導関数

1 と異なる正の定数 a に対し，実数を定義域とする関数 $y = a^x$ を考える．これを a を底とする**指数関数**という．指数関数のグラ

フは次のようになる．

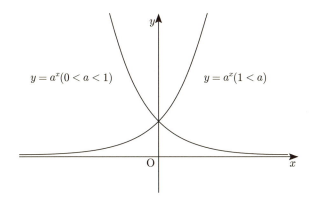

指数関数 $y = a^x$ の逆関数は $y = \log_a x$ となる．これを a を底とする**対数関数**という．対数関数のグラフは次のようになる．

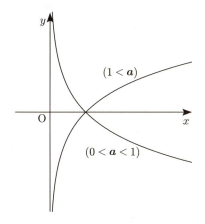

極限値 $\lim_{h \to 0}(1+h)^{\frac{1}{h}}$ が存在する．それは文字 e で表され，**ネイピアの数**とよばれる．e は無理数であり，$e = 2.718\cdots$ である．

底を e とする対数 $\log_e x$ を**自然対数**といい，e を省略して $\log x$ と書く．これは $\ln x$ と書くこともある．指数関数 $y = e^x$ と対数関数 $y = \log x$ は逆関数の関係にあるので，そのグラフは直線 $y = x$ に関して対称となる．

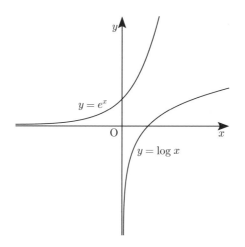

■ ネイピア（John Napier, 1550-1617）

スコットランドの数学者であり物理学者であり天文学者であった．対数を発明しその研究をした．

命題 3.5

$$(\log x)' = \frac{1}{x}$$

【証明】

$$
\begin{aligned}
(\log x)' &= \lim_{h \to 0} \frac{\log(x+h) - \log x}{h} = \lim_{h \to 0} \frac{1}{h} \log \frac{x+h}{x} \\
&= \lim_{h \to 0} \frac{1}{x} \times \frac{x}{h} \log \left(1 + \frac{h}{x}\right) = \lim_{h \to 0} \frac{1}{x} \log \left(1 + \frac{h}{x}\right)^{\frac{x}{h}} \\
&= \frac{1}{x} \log e = \frac{1}{x}
\end{aligned}
$$

命題 3.6
$$(e^x)' = e^x$$

【証明】 $y = e^x$ $(x = \log y)$ において逆関数の微分法を適用すると，
$$\frac{dy}{dx} = \frac{1}{\dfrac{dx}{dy}} = \frac{1}{\dfrac{1}{y}} = y = e^x$$
となる． □

例題 3.7 次の等式が成り立つことを示せ．

(1) $\{\log|x|\}' = \dfrac{1}{x}$ 　　(2) $\{\log|f(x)|\}' = \dfrac{f'(x)}{f(x)}$

[解答] **(1)** について．$x > 0$ のときは命題 3.4 である．
$x < 0$ のとき，$y = \log(-x)$ より合成関数の微分法を用いて
$$y' = \frac{1}{-x}(-x)' = \frac{-1}{-x} = \frac{1}{x}$$
よって (1) が成立する．

(2) について．(1) の結果と合成関数の微分法を使うと (2) が成立することがわかる．

問題 3.8 次の関数を微分せよ．

(1) $y = \log 3x$ 　(2) $y = \log(x^2 + 1)$
(3) $y = (\log x)^2$ 　(4) $y = \log|\cos x|$
(5) $y = e^{2x}$ 　(6) $y = e^{\sqrt{x}}$ 　(7) $y = xe^{-3x}$

例題 3.9 関数 $y = \log|x + \sqrt{x^2 + a}|$ を微分せよ．

[解答]
$$\begin{aligned}y' &= \frac{(x+\sqrt{x^2+a})'}{x+\sqrt{x^2+a}} \\ &= \frac{1}{x+\sqrt{x^2+a}} \times \left(1+\frac{2x}{2\sqrt{x^2+a}}\right) \\ &= \frac{1}{x+\sqrt{x^2+a}} \times \frac{x+\sqrt{x^2+a}}{\sqrt{x^2+a}} \\ &= \frac{1}{\sqrt{x^2+a}}\end{aligned}$$

関数 $y=f(x)$ において両辺の対数をとって微分する方法,あるいは両辺の絶対値の対数をとって微分する方法を**対数微分法**という.

例題 3.10 $y=x^c$ ($x>0$,c は定数) を対数微分法で微分せよ.

[解答] $y=x^c$ の両辺の対数をとると,$\log y = c\log x$
両辺を x で微分すると $\dfrac{y'}{y} = \dfrac{c}{x}$.よって
$$y' = c\frac{y}{x} = c\frac{x^c}{x} = cx^{c-1}$$

例題 3.11 $y=x^x$ ($x>0$) を対数微分法で微分せよ.

[解答] $y=x^x$ の両辺の対数をとると,$\log y = x\log x$
両辺を x で微分すると $\dfrac{y'}{y} = \log x + 1$.よって
$$y' = y(\log x + 1) = x^x(\log x + 1)$$

例題 3.12 $y=a^x$ ($a>0$,$a\neq 1$) を対数微分法で微分せよ.

[解答] $y = a^x$ の両辺の対数をとると，$\log y = x \log a$
両辺を x で微分すると $\dfrac{y'}{y} = \log a$．よって
$$y' = y \log a = a^x \log a$$

問題 3.13 対数微分法で次の関数を微分せよ．
(1) $y = x^{-x}$ (2) $y = \sqrt{(x+1)(x+2)(x+3)}$
(2) のヒント：$\log \sqrt{(x+1)(x+2)(x+3)}$
$= \dfrac{1}{2}\{\log|x+1| + \log|x+2| + \log|x+3|\}$
と変形して微分する．

3.3 媒介変数表示・逆三角関数

変数 t についての二つの関数
$$x = f(t),\ y = g(t)$$
が与えられているとき，これらを x 座標，y 座標とする点の集合は一般に曲線となる．曲線のこのような表し方を**媒介変数表示**（パラメーター表示）といい，t をその**媒介変数**（パラメーター）という．

例 3.14 円 $x^2 + y^2 = a^2$ は t を媒介変数として
$$x = a \cos t,\ y = a \sin t$$
と表される．

例 3.15 楕円 $\dfrac{x^2}{a^2} + \dfrac{y^2}{b^2} = 1$ は t を媒介変数として

$$x = a\cos t,\ y = b\sin t$$

と表される．なお 1.2 節「グラフの移動」で考察したようにこのグラフは円 $x^2 + y^2 = 1$ を x 軸方向に a 倍，y 軸方向に b 倍に拡大したものである．

例題 3.16 原点中心とした半径 a の円がある．この円を，$-\dfrac{\pi}{2} - t$ 回転したとき，円周上の点 $\mathrm{P}(a, 0)$ の移る点の座標を求めよ．

[解答] 求める座標を (x, y) とおくと

$$x = a\cos\left(-\frac{\pi}{2} - t\right) = a\cos\left(\frac{\pi}{2} + t\right) = -a\sin t$$

$$y = a\sin\left(-\frac{\pi}{2} - t\right) = -a\sin\left(\frac{\pi}{2} + t\right) = -a\cos t$$

となる．よって求める座標は $(-a\sin t, -a\cos t)$ である．

例 3.17 サイクロイド

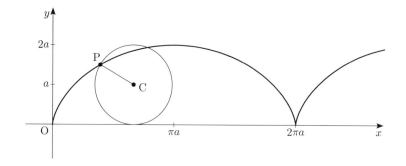

xy 平面上に円 $x^2 + (y-a)^2 = a^2$ がある．この円は円周上の点 P で原点に接している．円が x 軸に接しながら車輪のように回転するとき，P の描く軌跡をサイクロイドという．図は円が角 t だけ時

計回りに回転した図である．図において $\overrightarrow{\mathrm{CP}}$ を位置ベクトルとする点を X とする．原点を中心に xy 平面を $-\dfrac{\pi}{2} - t$ 回転したとき，点 $(a, 0)$ の移動した点が X である．前の例題より

$$\overrightarrow{\mathrm{CP}} = \begin{pmatrix} -a\sin t \\ -a\cos t \end{pmatrix}$$

となる．中心 C の x 座標は，中心角 t で半径 a の扇形の弧の長さなので，at である．よって $\mathrm{C}(at, a)$ となるので，P の座標は

$$(at - a\sin t, a - a\cos t)$$

である．すなわち

$$x = a(t - \sin t),\ y = a(1 - \cos t)$$

がサイクロイドの媒介変数表示である．

定理 3.18 媒介変数で表される関数の導関数

$x = f(t), y = g(t)$ は区間 I で微分可能，$f(t)$ は単調でかつ $f'(t) \neq 0$ とする．このとき

$$\frac{dy}{dx} = \frac{\dfrac{dy}{dt}}{\dfrac{dx}{dt}} = \frac{g'(t)}{f'(t)}$$

【証明】 $x = f(t)$ の逆関数を $t = f^{-1}(x)$ とおく．$y = g(t)$ と $t = f^{-1}(x)$ の合成関数を考え，y を x の関数とみる．合成関数の微分法と逆関数の微分法より

$$\frac{dy}{dx} = \frac{dy}{dt}\frac{dt}{dx} = \frac{dy}{dt}\frac{1}{\frac{dx}{dt}} = \frac{g'(t)}{f'(t)}$$

となる. □

問題 3.19 次の媒介変数で表示された関数において $\dfrac{dy}{dx}$ を媒介変数 t で表せ.

(1) 例 3.14 の円　　(2) 例 3.17 のサイクロイド

逆三角関数

■ **arcsin x**

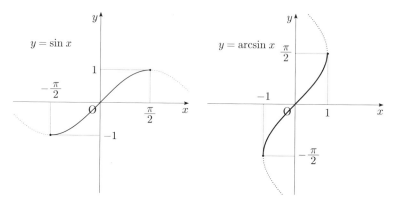

$y = \sin x$ の定義域を $-\dfrac{\pi}{2} \leqq x \leqq \dfrac{\pi}{2}$ とする. このとき $y = \sin x$ は単調増加関数で値域は $-1 \leqq y \leqq 1$ である (グラフは左図の実線の部分). このとき, $y = \sin x$ の逆関数を

$$y = \arcsin x$$

と書き, アークサインと呼ぶ.

逆関数は定義域と値域が入れ替わるので $y = \arcsin x$ の定義域は $-1 \leqq x \leqq 1$ であり, 値域は $-\dfrac{\pi}{2} \leqq y \leqq \dfrac{\pi}{2}$ である. グラフは右

図の実線の部分である．左図の実線部分と右図の実線部分は直線 $y = x$ に関して対称となっている．

命題 3.20
$$(\arcsin x)' = \frac{1}{\sqrt{1-x^2}}$$

【証明】 $y = \arcsin x \Leftrightarrow x = \sin y$ である．よって逆関数の微分法より

$$(\arcsin x)' = \frac{dy}{dx} = \frac{1}{\dfrac{dx}{dy}} = \frac{1}{(\sin y)'} = \frac{1}{\cos y}$$

ここで $-\dfrac{\pi}{2} \leqq y \leqq \dfrac{\pi}{2}$ より $\cos y \geqq 0$．よって

$$\cos y = \sqrt{1 - \sin^2 y} = \sqrt{1 - x^2}$$

よって $(\arcsin x)' = \dfrac{1}{\sqrt{1-x^2}}$ となる． □

■ arccos x

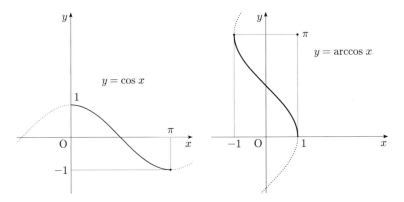

$y = \cos x$ の定義域を $0 \leqq x \leqq \pi$ とする．このとき $y = \cos x$ は単調減少関数で値域は $-1 \leqq y \leqq 1$ である（グラフは左図の実線

の部分).このとき,$y = \cos x$ の逆関数を

$$y = \arccos x$$

と書きアークコサインと呼ぶ.

$y = \arccos x$ の定義域は $-1 \leqq x \leqq 1$ であり,値域は $0 \leqq y \leqq \pi$ である.グラフは右図の実線の部分である.

命題 3.21

$$(\arccos x)' = -\frac{1}{\sqrt{1-x^2}}$$

【証明】 $y = \arccos x \Leftrightarrow x = \cos y$ である.よって逆関数の微分法より

$$(\arccos x)' = \frac{dy}{dx} = \frac{1}{\dfrac{dx}{dy}} = \frac{1}{(\cos y)'} = \frac{1}{-\sin y}$$

ここで $0 \leqq y \leqq \pi$ より $\sin y \geqq 0$.よって

$$\sin y = \sqrt{1 - \cos^2 y} = \sqrt{1 - x^2}$$

よって $(\arccos x)' = -\dfrac{1}{\sqrt{1-x^2}}$ となる. □

■ arctan x

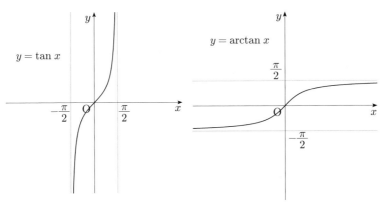

$y = \tan x$ の定義域を $-\dfrac{\pi}{2} < x < \dfrac{\pi}{2}$ とする．このとき $y = \tan x$ は単調増加関数で値域は実数全体，グラフは左図である．このとき，$y = \tan x$ の逆関数を

$$y = \arctan x$$

と書き，アークタンジェントと呼ぶ．$y = \arctan x$ の定義域は実数全体であり，値域は $-\dfrac{\pi}{2} < y < \dfrac{\pi}{2}$ である．グラフは右図である．

命題 3.22
$$(\arctan x)' = \frac{1}{1 + x^2}$$

【証明】 $y = \arctan x \Leftrightarrow x = \tan y$ である．よって逆関数の微分法より

$$(\arccos x)' = \frac{dy}{dx} = \frac{1}{\dfrac{dx}{dy}} = \frac{1}{\dfrac{1}{\cos^2 y}} = \frac{1}{1 + \tan^2 y} = \frac{1}{1 + x^2}$$

よって $(\arctan x)' = \dfrac{1}{1 + x^2}$ となる． □

問題 3.23 次の逆三角関数の値を求めよ．

(1) $\arcsin \dfrac{1}{\sqrt{2}}$ 　　(2) $\arccos\left(-\dfrac{\sqrt{3}}{2}\right)$ 　　(3) $\arctan 1$

問題 3.24 次の逆三角関数を微分せよ．

(1) $y = \arcsin 2x$ 　　(2) $y = \arcsin \sqrt{x}$
(3) $y = \arctan 2\sqrt{x}$ 　　(4) $y = \dfrac{1}{x}\arctan x$

第4章　微分の応用

4.1　平均値の定理

定理 4.1　ロールの定理

関数 $f(x)$ が $[a,b]$ で連続，(a,b) で微分可能であるとき，$f(a) = f(b) = 0$ ならば

$$f'(c) = 0, \ a < c < b$$

をみたす数 c が存在する．

【証明】　関数 $f(x)$ は $[a,b]$ で連続なので，この区間で最大値 M および最小値 m を持つ．

$M > 0$ のとき． $f(c) = M, \ a < c < b$ となる数 c が存在する．$f'(c) = 0$ を示す．

$$f'(c) = \lim_{h \to 0} \frac{f(c+h) - f(c)}{h} = \lim_{h \to +0} \frac{f(c+h) - f(c)}{h} \leqq 0$$

であり，また

$$f'(c) = \lim_{h \to 0} \frac{f(c+h) - f(c)}{h} = \lim_{h \to -0} \frac{f(c+h) - f(c)}{h} \geqq 0$$

である．よって $f'(c) = 0$ となる．

$m < 0$ のとき． $f(c) = m, \ a < c < b$ となる数 c が存在する．このとき上と同様に $f'(c) = 0$ であることが示される．

$M > 0$ でも $m < 0$ でもないとき，すなわち $M = m = 0$ のとき．関数 $f(x)$ は区間 $[a,b]$ でつねに 0 である定数関数で，このときは任意の $c\ (a < c < b)$ に対して $f'(c) = 0$ となる． □

問題 4.2 関数 $y = \sin x$ は区間 $[0, \pi]$ においてロールの定理の仮定をみたしている．$f'(c) = 0$ をみたす c を求めよ．

定理 4.3 平均値の定理

関数 $f(x)$ が $[a, b]$ で連続，(a, b) で微分可能ならば
$$\frac{f(b) - f(a)}{b - a} = f'(c),\ a < c < b \tag{4.1}$$
をみたす数 c が存在する．

【証明】 関数 $F(x)$ を次のように定義する．
$$F(x) = f(x) - f(a) - \frac{f(b) - f(a)}{b - a}(x - a)$$
このとき $F(a) = 0, F(b) = 0$ となる．よってロールの定理より $F'(c) = 0, a < c < b$ となる数 c が存在する．
$$F'(x) = f'(x) - \frac{f(b) - f(a)}{b - a}$$
より
$$F'(c) = f'(c) - \frac{f(b) - f(a)}{b - a} = 0$$
である．よって $f'(c) = \dfrac{f(b) - f(a)}{b - a}$ となり平均値の定理が証明された．
□

平均値の定理はいろいろな形に変形される．まず

$$f(b) = f(a) + f'(c)(b-a), \ a < c < b \qquad (4.2)$$

次に

$$\theta = \frac{c-a}{b-a}, \ 0 < \theta < 1$$

とおくと $c = a + \theta(b-a)$ より

$$f(b) = f(a) + f'(a + \theta(b-a))(b-a), \ 0 < \theta < 1 \qquad (4.3)$$

また $h = b - a$ とおくと $b = a + h$ より

$$f(a+h) = f(a) + f'(a + \theta h)h, \ 0 < \theta < 1 \qquad (4.4)$$

となる．

例題 4.4 関数 $f(x) = \frac{1}{3}x(x^2 - 4)$ と区間 $[0, 3]$ について平均値の定理の式 (4.2) をみたす c を求めよ．

[解答] $f(3) = 5$ より $\dfrac{f(3) - f(0)}{3 - 0} = \dfrac{5}{3}$ である．また

$$f'(x) = \left(\frac{1}{3}x^3 - \frac{4}{3}x\right)' = x^2 - \frac{4}{3}$$

より

$$f'(c) = c^2 - \frac{4}{3} = \frac{5}{3}$$

よって $c^2 = 3$ より $c = \sqrt{3}$ である．

問題 4.5 関数 $f(x) = \sqrt{x}$ と区間 $[0, 4]$ について平均値の定理の式 (4.2) をみたす c を求めよ．また式 (4.3) をみたす θ を求めよ．

例題 4.6 $a>0$ のとき，
$$\frac{1}{a+1} < \log\frac{a+1}{a} < \frac{1}{a}$$
となることをで示せ．

[解答] つぎの手順で示される．
(1) 関数 $f(x) = \log x$ を考える．区間 $[a, a+1]$ において平均値の定理をみたす c について $\dfrac{1}{c}$ を a の式で表すと
$$\frac{1}{c} = \log\frac{a+1}{a}$$
となる．
(2) $a < c < a+1$ において，それぞれの逆数を考えて，(1) の結果を代入すると与式が導かれる．

4.2 ロピタルの定理

定理 4.7 コーシーの平均値の定理

関数 $f(x), g(x)$ は $[a,b]$ で連続，(a,b) で微分可能とする．区間 (a,b) で $g'(x) \neq 0$ ならば
$$\frac{f'(c)}{g'(c)} = \frac{f(b)-f(a)}{g(b)-g(a)}, \ a < c < b$$
をみたす数 c が存在する．

【証明】 最初に定理の仮定より $g(b) - g(a)$ は 0 にならないことを注意しておく．実際 $g(b) - g(a) = 0$ とすると平均値の定理より $g'(c) = 0, a < c < b$ となる数 c が存在するが，これは (a,b) で $g'(x) \neq 0$ という仮定に反している．

関数 $F(x)$ を次のように定義する．

$$F(x) = f(x) - f(a) - \frac{f(b) - f(a)}{g(b) - g(a)}\{g(x) - g(a)\}$$

このとき $F(a) = 0, F(b) = 0$ となる．よってロールの定理より $F'(c) = 0, a < c < b$ となる数 c が存在する．

$$F'(x) = f'(x) - \frac{f(b) - f(a)}{g(b) - g(a)}g'(x)$$

より

$$F'(c) = f'(c) - \frac{f(b) - f(a)}{g(b) - g(a)}g'(c) = 0$$

である．よって $\dfrac{f'(c)}{g'(c)} = \dfrac{f(b) - f(a)}{g(b) - g(a)}$ となりコーシーの平均値の定理が証明された． □

媒介変数表示とコーシーの平均値の定理の関係について「あとがき」に関連事項を書いている．

■ 不定形の極限値

例えば $\lim_{x \to 0} \dfrac{\sin x}{x}$ のように，分数形の極限値で分子分母のそれぞれの極限値が0になるような場合，$\dfrac{0}{0}$ の不定形の極限値という．その他 $\dfrac{\infty}{\infty}$ などの形もある．分数形以外にも $\infty \cdot 0$ や $\infty - \infty$ などの不定形の極限値もある．

定理 4.8 ロピタルの定理

分数型の不定形の極限値において，次の式が成立する．

$$\lim_{x \to a} \frac{f(x)}{g(x)} = \lim_{x \to a} \frac{f'(x)}{g'(x)}$$

注意：不定形の形は $\dfrac{0}{0}$ や $\dfrac{\infty}{\infty}, \dfrac{-\infty}{\infty}, \dfrac{\infty}{-\infty}, \dfrac{-\infty}{-\infty}$ などがある．また a は $\infty, -\infty$ も考えられる．

【証明概略】 a が有限の数で，不定形の形が $\dfrac{0}{0}$ の場合を証明する．$\dfrac{0}{0}$ の場合なので $f(a) = g(a) = 0$ と考えられる．x が a に十分近ければコーシーの平均値の定理より

$$\frac{f(x) - f(a)}{g(x) - g(a)} = \frac{f'(c)}{g'(c)} \quad \text{よって} \quad \frac{f(x)}{g(x)} = \frac{f'(c)}{g'(c)}$$

なる c が存在する．ここに c は a と x の間の数である．いま $\displaystyle\lim_{x \to a} \dfrac{f'(x)}{g'(x)}$ が存在すれば

$$\lim_{x \to a} \frac{f'(x)}{g'(x)} = \lim_{c \to a} \frac{f'(c)}{g'(c)} = \lim_{x \to a} \frac{f(x)}{g(x)}$$

より定理が証明された． □

例題 4.9 次の極限値を求めよ．

(1) $\displaystyle\lim_{x \to 0} \dfrac{1 - \cos x}{x^2}$ (2) $\displaystyle\lim_{x \to \infty} x^2 e^{-x}$ (3) $\displaystyle\lim_{x \to +0} x \log x$

[解答] (1) $\displaystyle\lim_{x \to 0} \dfrac{1 - \cos x}{x^2} = \lim_{x \to 0} \dfrac{\sin x}{2x} = \dfrac{1}{2}$

(2) $\displaystyle\lim_{x \to \infty} \dfrac{x^2}{e^x} = \lim_{x \to \infty} \dfrac{2x}{e^x} = \lim_{x \to \infty} \dfrac{2}{e^x} = 0$

(3) $\displaystyle\lim_{x \to +0} x \log x = \lim_{x \to +0} \dfrac{\log x}{\dfrac{1}{x}} = = \lim_{x \to +0} \dfrac{\dfrac{1}{x}}{-\dfrac{1}{x^2}} = \lim_{x \to +0} (-x) = 0$

問題 4.10 次の極限値を求めよ．

(1) $\displaystyle\lim_{x \to 0} \dfrac{\sqrt{x+1} - 1}{x}$ (2) $\displaystyle\lim_{x \to 0} \dfrac{\arctan x}{x}$

(3) $\displaystyle\lim_{x \to 0} \dfrac{\arcsin x}{x}$ (4) $\displaystyle\lim_{x \to 0} \dfrac{\sin x}{e^x - e^{-x}}$

4.3 関数の増減

定理 4.11

関数 $f(x)$ は閉区間 $[a,b]$ で連続,開区間 (a,b) で微分可能とする.次が成立する.
(1) 区間 (a,b) で常に $f'(x) > 0$ ならば,$f(x)$ は区間 $[a,b]$ で単調に増加する.
(2) 区間 (a,b) で常に $f'(x) < 0$ ならば,$f(x)$ は区間 $[a,b]$ で単調に減少する.
(3) 区間 (a,b) で常に $f'(x) = 0$ ならば,$f(x)$ は区間 $[a,b]$ で定数である.

【証明】 平均値の定理より $a \leqq x_1 < x_2 \leqq b$ である二つの数 x_1, x_2 に対して

$$f(x_2) - f(x_1) = (x_2 - x_1)f'(c),\ x_1 < c < x_2$$

をみたす数 c が存在する.よって

(1) の場合,$f'(c) > 0$ より $f(x_2) - f(x_1) > 0$ すなわち
$f(x_2) > f(x_1)$ となり,

(2) の場合,$f'(c) < 0$ より $f(x_2) - f(x_1) < 0$ すなわち
$f(x_2) < f(x_1)$ となり,

(3) の場合,$f'(c) = 0$ より $f(x_2) - f(x_1) = 0$ すなわち
$f(x_2) = f(x_1)$ となる.

よって定理が証明された. □

命題 4.12 区間 (a,b) で $f'(x) = g'(x)$ ならば区間 $[a,b]$ で
$$f(x) = g(x) + C \ (C \text{ は定数})$$
である．

【証明】 $h(x) = f(x) - g(x)$ とおく．区間 (a,b) で $h'(x) = 0$ である．よって定理 4.11(3) より $h(x)$ は区間 $[a,b]$ で定数である．よって
$$f(x) = g(x) + C$$
となる． □

例題 4.13 $y = x^2 e^x$ の増減表を書いて極値を求めよ．

[解答] $y' = x(2+x)e^x$ より増減表は，次のようになる．よって $x = 0$ のとき極小値 0，$x = -2$ のとき極大値 $4e^{-2}$．

x	$x < -2$	-2	$-2 < x < 0$	0	$0 < x$
$f'(x)$	$+$	0	$-$	0	$+$
$f(x)$	↗	$4e^{-2}$	↘	0	↗

問題 4.14 区間 $0 \leqq x \leqq 2\pi$ で関数 $f(x) = \cos x + \dfrac{1}{2}x$ の増減表を書いて増減を調べよ．

問題 4.15 区間 $1 \leqq x \leqq 3$ で関数 $y = \dfrac{1}{x} \log x$ の最大値，最小値を求めよ．

4.4 高次導関数

関数 $y = f(x)$ の導関数 $f'(x)$ をさらに微分した関数を $f(x)$ の 2 次導関数といい，$f''(x)$ と表す．$f''(x)$ のほか次の記号も使われる．

$$y'',\ \{f(x)\}'',\ \frac{d^2y}{dx^2},\ \frac{d^2}{dx^2}f(x)$$

さらに微分していき，$f(x)$ を n 回微分して得られる関数を

$$f^{(n)}(x),\ y^{(n)},\ \{f(x)\}^{(n)},\ \frac{d^ny}{dx^n},\ \frac{d^n}{dx^n}f(x)$$

などと書き，$f(x)$ の n 次導関数という．

■ e^x の n 次導関数

$$(e^x)^{(n)} = e^x$$

■ $\sin x$ の n 次導関数

$$(\sin x)^{(n)} = \sin\left(x + \frac{n\pi}{2}\right) = \begin{cases} \sin x & (n\text{ を }4\text{ で割ると余り }0) \\ \cos x & (n\text{ を }4\text{ で割ると余り }1) \\ -\sin x & (n\text{ を }4\text{ で割ると余り }2) \\ -\cos x & (n\text{ を }4\text{ で割ると余り }3) \end{cases}$$

【証明】 $y = \sin x$ を次々に微分していくと

$$\cos x,\ -\sin x,\ -\cos x,\ \sin x$$

となり，4 回目に元に戻る．よってこの四つのパターンが繰り返し現れる．

また，

$$(\sin x)^{(n)} = \sin\left(x + \frac{n\pi}{2}\right) \tag{4.5}$$

とも表される（問題 4.17 参照）． □

■ $\cos x$ の n 次導関数

$$(\cos x)^{(n)} = \cos\left(x + \frac{n\pi}{2}\right) = \begin{cases} \cos x & (n \text{ を } 4 \text{ で割ると余り } 0) \\ -\sin x & (n \text{ を } 4 \text{ で割ると余り } 1) \\ -\cos x & (n \text{ を } 4 \text{ で割ると余り } 2) \\ \sin x & (n \text{ を } 4 \text{ で割ると余り } 3) \end{cases}$$

説明は $\sin x$ の場合と同様である．

■ $\log |x|$ の n 次導関数

$$(\log |x|)^{(n)} = (-1)^{n-1}\frac{(n-1)!}{x^n}$$

【証明】 $y' = (\log x)' = \dfrac{1}{x}$, $y^{(2)} = (-1)x^{-2}$, $y^{(3)} = (-1)(-2)x^{-3}$ 以下同様にして

$$y^{(n)} = (-1)(-2)\cdots\{-(n-1)\}x^{-n} = (-1)^{n-1}(n-1)!x^{-n}$$

となる． □

問題 4.16 次の n 次導関数を求めよ．

(1) $y = a^x$ (2) $y = e^{3x}$

問題 4.17 $y = \sin x$ の n 次導関数は

$$y^{(n)} = \sin\left(x + \frac{n}{2}\pi\right)$$

となることを n に関する数学的帰納法で証明せよ．

4.5 マクローリン展開

本項では $a < b$ とし，関数 $f(x)$ は a, b を含む区間で n 回微分可能とする（ただし a, b の大小は本質的ではない．すなわち $b < a$ でも定理 4.19 は成立する）．

補題 4.18 $n \geqq 1$ とし，

$$F_{n-1}(x) = \sum_{k=0}^{n-1} f^{(k)}(x)\frac{(b-x)^k}{k!} =$$

$$f(x) + f'(x)(b-x) + f''(x)\frac{(b-x)^2}{2!} + \cdots + f^{(n-1)}(x)\frac{(b-x)^{n-1}}{(n-1)!}$$

とおく．このとき

$$F_{n-1}'(x) = f^{(n)}(x)\frac{(b-x)^{n-1}}{(n-1)!}$$

となる．

【証明】 n に関する数学的帰納法で証明する．

$n = 1$ のとき．$F_0 = f(x)$ より

$$F_0'(x) = f'(x) = f'(x)\frac{(b-x)^0}{0!}$$

となり成立している．

$n = k$ のとき成り立つと仮定して $n = k+1$ のときを証明する．仮定す

る式は
$$F_{k-1}'(x) = f^{(k)}(x)\frac{(b-x)^{k-1}}{(k-1)!}$$
である．このとき
$$\begin{aligned}F_k'(x) &= \left\{F_{k-1}(x) + f^{(k)}(x)\frac{(b-x)^k}{k!}\right\}' \\ &= f^{(k)}(x)\frac{(b-x)^{k-1}}{(k-1)!} + f^{(k+1)}(x)\frac{(b-x)^k}{k!} - f^{(k)}(x)\frac{(b-x)^{k-1}}{(k-1)!} \\ &= f^{(k+1)}(x)\frac{(b-x)^k}{k!}\end{aligned}$$
となる．これは主張が $n = k+1$ のときも成り立つことを示している．よってすべての $n(n \geqq 1)$ に対して成立する． □

定理 4.19　テイラーの定理

$$\begin{aligned}f(b) &= F_{n-1}(a) + f^{(n)}(c)\frac{(b-a)^n}{n!} \quad (a < c < b) \\ &= f(a) + f'(a)(b-a) + f''(a)\frac{(b-a)^2}{2!} + \cdots \\ &\quad + f^{(n-1)}(a)\frac{(b-a)^{n-1}}{(n-1)!} + f^{(n)}(c)\frac{(b-a)^n}{n!} \quad (a < c < b)\end{aligned}$$

を満たす c が存在する．

【証明】
$$G(x) = F_{n-1}(x) + K\frac{(b-x)^n}{n!}, (K \text{ は定数}) \tag{4.6}$$

とおく．$G(a) = G(b)$ となるように K を定める．(K の後にある式 $\dfrac{(b-x)^n}{n!}$ は $x = b$ のとき 0 で $x = a$ のとき 0 でない．この二つの値は異なるので $G(a) = G(b)$ となるように K を定めることができる)．

平均値の定理より
$$G'(c) = \frac{G(b) - G(a)}{b-a} = 0 \ (a < c < b)$$
となる c が存在する.
$$\begin{aligned}G'(x) &= f^{(n)}(x)\frac{(b-x)^{n-1}}{(n-1)!} - K\frac{(b-x)^{n-1}}{(n-1)!}\\ &= \{f^{(n)}(x) - K\}\frac{(b-x)^{n-1}}{(n-1)!}\end{aligned}$$
より
$$\{f^{(n)}(c) - K\}\frac{(b-c)^{n-1}}{(n-1)!} = 0$$
よって $f^{(n)}(c) = K$ となる.これを式 (4.6) に代入して
$$G(x) = F_{n-1}(x) + f^{(n)}(c)\frac{(b-x)^n}{n!} \tag{4.7}$$
となる.ここで
$$G(a) = G(b) = F_{n-1}(b) = f(b)$$
より式 (4.7) に $x = a$ を代入して
$$f(b) = F_{n-1}(a) + f^{(n)}(c)\frac{(b-a)^n}{n!} \ (a < c < b)$$
をみたす c が存在する.これが証明すべきことであった. □

■ テイラー展開

$f(x)$ は $x = a$ を含む開区間で何回でも微分可能な関数とする.いま x をその開区間に属し a とは異なる数とする.テイラーの定理 4.19 より

$$f(x) = f(a) + f'(a)(x-a) + f''(a)\frac{(x-a)^2}{2!} + \cdots$$
$$+ f^{(n-1)}(a)\frac{(x-a)^{n-1}}{(n-1)!} + f^{(n)}(c)\frac{(x-a)^n}{n!}$$

をみたす c が a と x の間に存在する．最後の項 $f^{(n)}(c)\dfrac{(x-a)^n}{n!}$ はテイラー展開における n 次剰余とよばれる．いま

$$n \longrightarrow \infty \text{ のとき } f^{(n)}(c)\frac{(x-a)^n}{n!} \longrightarrow 0$$

が成り立っているとき，関数 $f(x)$ は

$$f(x) = f(a) + f'(a)(x-a) + f''(a)\frac{(x-a)^2}{2!} + \cdots$$
$$+ f^{(n)}(a)\frac{(x-a)^n}{n!} + \cdots$$

と無限の和に表すことができる．これを $f(x)$ の $x = a$ におけるテイラー展開という．

■ マクローリン展開

$f(x)$ の $x = 0$ におけるテイラー展開をマクローリン展開という．

$$f(x) = f(0) + f'(0)x + f''(0)\frac{x^2}{2!} + \cdots + f^{(n)}(0)\frac{x^n}{n!} + \cdots$$

上式が成り立つような x は $n \longrightarrow \infty$ のとき，n 次剰余が 0 に収束するような x である．

■ e^x のマクローリン展開

$f(x) = e^x$ とするとき $f^{(n)}(x) = e^x$ $(n \geqq 0)$ である．$f^{(n)}(0) = 1$ より e^x のマクローリン展開は

$$e^x = 1 + x + \frac{x^2}{2!} + \cdots + \frac{x^n}{n!} + \cdots$$

となる．

■ **$\sin x$ のマクローリン展開**

$f(x) = \sin x$ の高次導関数は既に 4.4 節で求めている．それより $f^{(n)}(0)$ を $n = 0$ から順に書いていくと

$$f(0) = 0, f^{(1)}(0) = 1, f^{(2)}(0) = 0, f^{(3)}(0) = -1, \cdots$$

となる．$n \geqq 4$ のときの $f^{(n)}(0)$ の値は上記の $0, 1, 0, -1$ が繰り返し現れる．よって $\sin x$ のマクローリン展開は

$$\sin x = x - \frac{x^3}{3!} + \frac{x^5}{5!} - \cdots + (-1)^m \frac{x^{2m+1}}{(2m+1)!} + \cdots$$

となる．

■ **$\cos x$ のマクローリン展開**

$f(x) = \cos x$ の高次導関数も 4.4 節で求めている．$f^{(n)}(0)$ ($n \geqq 0$) は次のようになる．

$$f(0) = 1, f^{(1)}(0) = 0, f^{(2)}(0) = -1, f^{(3)}(0) = 0, \cdots$$

$n \geqq 4$ のときの $f^{(n)}(0)$ の値は上記の $1, 0, -1, 0$ が繰り返し現れるのは $\sin x$ の場合と同様である．よって $\cos x$ のマクローリン展開は

$$\cos x = 1 - \frac{x^2}{2!} + \frac{x^4}{4!} - \cdots + (-1)^m \frac{x^{2m}}{(2m)!} + \cdots$$

となる．

これら $e^x, \sin x, \cos x$ のマクローリン展開は任意の x について成り立っている．

例題 4.20 $\log(x+1)$ のマクローリン展開を求めよ.

[解答] まず $f(x) = \log(1+x)$ の高次導関数を求める.

$$f'(x) = \frac{1}{x+1} = (x+1)^{-1}$$
$$f''(x) = (-1)(x+1)^{-2}$$
$$f^{(3)}(x) = (-1)(-2)(x+1)^{-3}$$

同様の計算が続き

$$f^{(n)}(x) = (-1)(-2)\cdots\{-(n-1)\}(x+1)^{-n}$$
$$= (-1)^{n-1}(n-1)!(x+1)^{-n}$$

となる.つぎに $f(0), f'(0), f''(0), f^{(3)}(0), \cdots$ の値を求めると

$$f(0) = 0, f'(0) = 1, f''(0) = -1, f^{(3)}(0) = (-1)^2\,2!, \cdots$$
$$\cdots, f^{(n)}(0) = (-1)^{n-1}(n-1)!, \cdots$$

となる.よって $\log(x+1)$ のマクローリン展開は

$$\log(x+1) = x + (-1)\frac{x^2}{2} + (-1)^2\,2!\frac{x^3}{3!} + \cdots$$
$$+ (-1)^{n-1}(n-1)!\frac{x^n}{n!} + \cdots$$
$$= x - \frac{x^2}{2} + \frac{x^3}{3} + \cdots + (-1)^{n-1}\frac{x^n}{n} + \cdots$$

となる.なお,このマクローリン展開は $-1 < x \leqq 1$ で成り立っている.

問題 4.21 次の関数のマクローリン展開を 3 次の項まで求めよ.
(1) $y = \tan x$ (2) $y = e^x \sin x$

問題 4.22 次の関数について,マクローリン展開の指定された

次数の項を求めよ．
(1) $y = a^x$ （n 次の項） (2) $y = e^{3x}$ （n 次の項）
(3) $y = \sin 3x$ （$2m+1$ 次の項）

コラム　博士の愛した数式

指数関数 e^x は定義域を実数全体とする関数であるが，この定義域は複素数まで拡張される．その定義はマクローリン展開の式と同じ

$$e^z = 1 + z + \frac{z^2}{2!} + \cdots + \frac{z^n}{n!} + \cdots$$

で定義されることが多い．ここに z は複素数を定義域とする変数である．いま z を純虚数 ix としてみると

$$\begin{aligned} e^{ix} &= 1 + (ix) + \frac{(ix)^2}{2!} + \cdots + \frac{(ix)^n}{n!} + \cdots \\ &= \left(1 + i^2\frac{x^2}{2!} + i^4\frac{x^4}{4!} + \cdots\right) + \left(ix + i^3\frac{x^3}{3!} + i^5\frac{x^5}{5!} + \cdots\right) \\ &= \left(1 - \frac{x^2}{2!} + \frac{x^4}{4!} + \cdots\right) + i\left(x - \frac{x^3}{3!} + \frac{x^5}{5!} + \cdots\right) \\ &= \cos x + i \sin x \end{aligned}$$

となる．この $e^{ix} = \cos x + i \sin x$ はオイラーの公式と呼ばれる．とくに $x = \pi$ とすると

$$e^{\pi i} + 1 = 0$$

となるが，これが小川洋子氏の小説の題名ともなった「博士の愛した数式」である．数学で最も重要な五つの定数 $1, 0, i, \pi, e$ と等号と三つの 2 項演算 (加法・乗法・べき乗) で表される奇跡の数式である．

第5章 不定積分

5.1 色々な関数の不定積分

関数 $f(x)$ が与えられたとき，
$$F'(x) = f(x)$$
となるような関数 $F(x)$ を $f(x)$ の原始関数という．ここで命題 4.12 を再掲する．

命題 5.1 $F(x)$, $G(x)$ が，ともに $f(x)$ の原始関数ならば $G(x) = F(x) + C$ (C は定数) が成り立つ．

命題 5.1 より $F(x)$ を $f(x)$ の原始関数の一つとすれば，任意の原始関数は $F(x) + C$ の形に書くことができる．これを $f(x)$ の不定積分といい
$$\int f(x)dx = F(x) + C$$
で表す．C を積分定数という．

■ 不定積分の公式

微分の公式より次の不定積分の公式が導かれる．

$$\int x^\alpha \ dx = \frac{x^{\alpha+1}}{\alpha+1} + C \ (\alpha \neq -1) \tag{5.1}$$

$$\int \frac{1}{x} \ dx = \log|x| + C \tag{5.2}$$

$$\int \frac{f'(x)}{f(x)} \ dx = \log|f(x)| + C \tag{5.3}$$

$$\int e^x \ dx = e^x + C \tag{5.4}$$

$$\int a^x \ dx = \frac{a^x}{\log a} + C \ (a > 0, a \neq 1) \tag{5.5}$$

$$\int \sin x \ dx = -\cos x + C \tag{5.6}$$

$$\int \cos x \ dx = \sin x + C \tag{5.7}$$

$$\int \frac{1}{\cos^2 x} \ dx = \tan x + C \tag{5.8}$$

$$\int \frac{1}{\sqrt{1-x^2}} \ dx = \arcsin x + C \tag{5.9}$$

$$\int \frac{1}{1+x^2} \ dx = \arctan x + C \tag{5.10}$$

注意：$\int \dfrac{1}{f(x)} dx$ は $\int \dfrac{dx}{f(x)}$ と書くこともある．

命題 5.2　不定積分の基本公式

不定積分の定義から，ただちに次の公式が得られる．

$$\frac{d}{dx} \int f(x) \ dx = f(x) \tag{5.11}$$

$$\int \frac{dF(x)}{dx} \ dx = F(x) + C \tag{5.12}$$

$$\int cf(x) \ dx = c \int f(x) \ dx \tag{5.13}$$

$$\int \{f(x) \pm g(x)\} \ dx = \int f(x) dx \pm \int g(x) dx \tag{5.14}$$

例題 5.3 不定積分 $\int \tan x \, dx$ を求めよ．

[解答] 公式 (5.3) を利用する．
$$\int \tan x \, dx = \int \frac{\sin x}{\cos x} \, dx = -\int \frac{-\sin x}{\cos x} \, dx = -\int \frac{(\cos x)'}{\cos x} \, dx$$
$$= -\log|\cos x| + C$$

命題 5.4 $f(x)$ の原始関数を $F(x)$ とする．すなわち
$$\int f(x) \, dx = F(x) + C$$
とする．a, b は定数で $a \neq 0$ のとき
$$\int f(ax+b) \, dx = \frac{1}{a} F(ax+b) + C$$
となる．

【証明】 $y = F(ax+b)$ において $\dfrac{dy}{dx}$ を合成関数の微分法で求める．$t = ax + b$ とおくと $\dfrac{dy}{dt} = \dfrac{d}{dt} F(t) = f(t)$ より
$$\frac{d}{dx} F(ax+b) = \frac{dy}{dx} = \frac{dy}{dt} \cdot \frac{dt}{dx} = f(t) \cdot a = af(ax+b)$$
よって $\dfrac{d}{dx}\left\{\dfrac{1}{a} F(ax+b)\right\} = f(ax+b)$ である．したがって
$$\int f(ax+b) \, dx = \frac{1}{a} F(ax+b) + C$$
となる． □

例題 5.5 次の不定積分を求めよ．

(1) $\displaystyle\int \sqrt{x} \, dx$ (2) $\displaystyle\int \sqrt{3x+2} \, dx$

[解答] (1) $\int \sqrt{x}\,dx = \int x^{\frac{1}{2}}\,dx = \dfrac{x^{\frac{1}{2}+1}}{\frac{1}{2}+1} = \dfrac{2}{3}x^{\frac{3}{2}} = \dfrac{2}{3}\sqrt{x^3}$

(2):(1) の結果を利用 $\int \sqrt{3x+2}\,dx = \dfrac{1}{3}\cdot\dfrac{2}{3}\sqrt{(3x+2)^3} = \dfrac{2}{9}\sqrt{(3x+2)^3}$

問題 5.6 次の不定積分を求めよ．

(1) $\displaystyle\int \dfrac{1}{\sqrt{x}}\,dx$ \qquad (2) $\displaystyle\int x^{-3}\,dx$

(3) $\displaystyle\int e^{3x+1}\,dx$ \qquad (4) $\displaystyle\int (\sin x + \cos 3x)\,dx$

(5) $\displaystyle\int \dfrac{x}{1+x^2}\,dx$ \qquad (6) $\displaystyle\int \dfrac{3}{2x^2+1}\,dx$

(7) $\displaystyle\int \dfrac{1}{\sqrt{1-4x^2}}\,dx$ \qquad (8) $\displaystyle\int \tan^2 x\,dx$

(9) $\displaystyle\int 3^x\,dx$ \qquad (10) $\displaystyle\int \sin^2 x\,dx$

(11) $\displaystyle\int \dfrac{1}{\sqrt{2x-x^2}}\,dx$ \qquad (12) $\displaystyle\int \dfrac{1}{x^2-2x+2}\,dx$

ヒント
(5) は $\displaystyle\int \dfrac{x}{1+x^2}\,dx = \dfrac{1}{2}\int \dfrac{(1+x^2)'}{1+x^2}\,dx$ と変形し公式 (5.3) を利用．

(6) は $\displaystyle\int 3\cdot\dfrac{1}{(\sqrt{2}x)^2+1}\,dx$ と変形し命題 5.4 を利用．

(7) は $\displaystyle\int \dfrac{1}{\sqrt{1-(2x)^2}}\,dx$ と変形し命題 5.4 を利用．

(8) は $\tan^2 x = \dfrac{1}{\cos^2 x} - 1$ と変形し公式 (5.8) を利用．

(10) は $\sin^2 x = \dfrac{1-\cos 2x}{2}$ と変形．

(11) は $\dfrac{1}{\sqrt{2x-x^2}} = \dfrac{1}{\sqrt{1-(x-1)^2}}$ と変形.

(12) は $\dfrac{1}{x^2-2x+2} = \dfrac{1}{1+(x-1)^2}$ と変形.

5.2 置換積分

命題 5.7　置換積分

次が成立する.

(1) $x = g(t)$ のとき $\displaystyle\int f(x)\,dx = \int f(g(t))g'(t)\,dt$

(2) $g(x) = t$ のとき $\displaystyle\int f(g(x))g'(x)\,dx = \int f(t)\,dt$

注意：(1) の場合は $x = g(t)$ より $\dfrac{dx}{dt} = g'(t)$ であるがこれを形式的に $dx = g'(t)dt$ として計算すれば良いことがわかる.
(2) の場合は $g(x) = t$ より $g'(x) = \dfrac{dt}{dx}$ であるがこれを同様に $g'(x)dx = dt$ として計算すれば良い.

【証明】 (1) の証明. $f(x)$ の原始関数を $F(x)$ とおく.
$y = F(x) = F(g(t))$ とおくと

$$\dfrac{dy}{dx} = F'(x) = f(x)$$
$$\dfrac{dy}{dt} = \dfrac{dy}{dx}\dfrac{dx}{dt} = f(x)g'(t) = f(g(t))g'(t)$$

よって

$$y = F(x) = \int f(x)\,dx$$
$$y = F(g(t)) = \int f(g(t))g'(t)\,dt$$

となり (1) が成立する.

(2) は (1) の変数が変わっただけである.　　　　　　　　　　　□

例題 5.8　次の不定積分を求めよ.

(1) $\displaystyle\int x\sqrt{x^2+1}\,dx$　　　(2) $\displaystyle\int \cos^2 x \sin x\,dx$　　　(3) $\displaystyle\int \frac{\log x}{x}\,dx$

[解答]　(1) $x^2+1=t$ とおくと $2x\,dx=dt$ よって

$$\int x\sqrt{x^2+1}\,dx = \frac{1}{2}\int \sqrt{x^2+1}\cdot 2x\,dx = \frac{1}{2}\int \sqrt{t}\,dt = \frac{1}{2}\cdot\frac{2}{3}t^{\frac{3}{2}}$$
$$= \frac{1}{3}\sqrt{(x^2+1)^3}+C$$

(2) $\cos x = t$ とおくと $(-\sin x)dx = dt$ よって

$$\int \cos^2 x\,\sin x\,dx = -\int \cos^2 x(-\sin x)dx = -\int t^2\,dt$$
$$= -\frac{1}{3}t^3+C = -\frac{1}{3}\cos^3 x+C$$

(3) $\log x = t$ とおくと $\dfrac{1}{x}dx = dt$ よって

$$\int \frac{\log x}{x}\,dx = \int \log x \cdot \frac{1}{x}dx = \int t\,dt = \frac{1}{2}t^2 + C = \frac{1}{2}(\log x)^2 + C$$

例題 5.9　次の式を導け（次の二つの式は公式として扱われる）.

(1) $\displaystyle\int \frac{dx}{\sqrt{a^2-x^2}} = \arcsin\frac{x}{a}+C\ (a>0)$

(2) $\displaystyle\int \frac{dx}{a^2+x^2} = \frac{1}{a}\arctan\frac{x}{a}+C\ (a\neq 0)$

[解答] (1), (2) ともに右辺を微分して導くこともできるが，ここでは置換積分または命題 5.4 を用いて左辺の不定積分を計算する．

(1) $\displaystyle\int \frac{dx}{\sqrt{a^2 - x^2}} = \int \frac{1}{\sqrt{1 - \left(\frac{x}{a}\right)^2}} \cdot \frac{1}{a}\, dx$ と変形する．

$\dfrac{x}{a} = t$ とおくと $\dfrac{1}{a}dx = dt$. よって

$$\int \frac{dx}{\sqrt{a^2 - x^2}} = \int \frac{1}{\sqrt{1 - t^2}}\, dt = \arcsin t + C = \arcsin \frac{x}{a} + C$$

(2) $\displaystyle\int \frac{dx}{a^2 + x^2} = \frac{1}{a}\int \frac{1}{1 + \left(\frac{x}{a}\right)^2} \cdot \frac{1}{a}\, dx$ と変形する．

$\dfrac{x}{a} = t$ とおくと $\dfrac{1}{a}dx = dt$. よって

$$\int \frac{dx}{a^2 + x^2} = \frac{1}{a}\int \frac{1}{1 + t^2}\, dt = \frac{1}{a}\arctan t + C = \frac{1}{a}\arctan \frac{x}{a} + C$$

問題 5.10 次の不定積分を求めよ．

(1) $\displaystyle\int \frac{x}{\sqrt{1 - x^2}}\, dx$ (2) $\displaystyle\int 2x(x^2 + 1)^4\, dx$

(3) $\displaystyle\int \frac{2x}{\sqrt{1 - x^4}}\, dx$ (4) $\displaystyle\int \sin^3 x\, dx$

(5) $\displaystyle\int \cos^3 x\, dx$ (6) $\displaystyle\int 2xe^{x^2}\, dx$

(7) $\displaystyle\int \frac{dx}{\sqrt{4x - x^2}}$ (8) $\displaystyle\int \frac{2}{x^2 + x + 1}\, dx$

(9) $\displaystyle\int \frac{x}{x^4 + 1}\, dx$ (10) $\displaystyle\int \frac{x^2}{\sqrt{1 - x^6}}\, dx$

ヒント：(1) $1 - x^2 = t$ とおく．問題 5.6(1) 利用

(2) $x^2 + 1 = t$ とおく．

(3) $x^2 = t$ とおく．

(4) $\sin^3 x = (1 - \cos^2 x)\sin x$ と変形し $\cos x = t$ とおく．

(5) $\cos^3 x = (1 - \sin^2 x)\cos x$

(6) $4x - x^2 = 4 - (x - 2)^2$ と変形して，例題 5.9(1) を使う．

(7) $x^2 + x + 1 = \left(\dfrac{\sqrt{3}}{2}\right)^2 + \left(x + \dfrac{1}{2}\right)^2$ と変形して例題 5.9(2) を使う.

5.3 部分積分

命題 5.11　部分積分
次が成立する.
$$\int f(x)g'(x) = f(x)g(x) - \int f'(x)g(x)dx \tag{5.15}$$

【証明】　積の微分公式
$$\{f(x)g(x)\}' = f'(x)g(x) + f(x)g'(x)$$
より
$$f(x)g(x) = \int f'(x)g(x)\,dx + \int f(x)g'(x)\,dx$$
となる. これより部分積分の公式 (5.15) が導かれる. 　□

例題 5.12　$\displaystyle\int xe^x\,dx$ を求めよ.

[解答]　$f(x) = x,\ g'(x) = e^x$ として公式 (5.15) にあてはめる.
$$\int xe^x\,dx = xe^x - \int e^x\,dx = xe^x - e^x + C = e^x(x-1) + C$$

公式 (5.15) において $g'(x) = 1$ とすると
$$\int f(x) = xf(x) - \int xf'(x)dx \tag{5.16}$$
となる. この公式を利用して不定積分を求める関数として

$$\log x, \quad \arcsin x, \quad \arctan x$$

などがある．

例題 5.13 $\displaystyle\int \log x \, dx$ を求めよ．

[解答] $\displaystyle\int \log x \, dx = x \log x - \int x \cdot \frac{1}{x} dx = x \log x \, dx - \int dx$
$= x \log x - x + C = x(\log x - 1) + C$

問題 5.14 次の不定積分を求めよ．

(1) $\displaystyle\int \arctan x \, dx$ 　　(2) $\displaystyle\int \arcsin x \, dx$

ヒント　(1) 問題 5.6(5) 利用　(2) 問題 5.10(1) 利用

例題 5.15 $\displaystyle\int e^x \sin x \, dx$ を求めよ．

[解答]　部分積分を 2 回使う．与式を I とおく．

$$I = \int e^x \sin x \, dx = e^x \sin x - \int e^x \cos x$$
$$= e^x \sin x - \left(e^x \cos x + \int e^x \sin x \, dx \right)$$
$$= e^x (\sin x - \cos x) - I$$

よって $2I = e^x(\sin x - \cos x)$ より $I = \dfrac{1}{2} e^x (\sin x - \cos x)$
答えは積分定数 C を加えて

$$\int e^x \sin x \, dx = \frac{1}{2} e^x (\sin x - \cos x) + C$$

問題 5.16 次の不定積分を求めよ．

(1) $\displaystyle\int xe^{2x}\,dx$　　(2) $\displaystyle\int x\sin x\,dx$

(3) $\displaystyle\int e^{3x}\cos x\,dx$　　(4) $\displaystyle\int x(x-1)^7 dx$

(5) $\displaystyle\int x\log x\,dx$

5.4　分数式の積分

本節では，分数関数 $\dfrac{f(x)}{g(x)}$ の不定積分を求める．ただし $f(x)$, $g(x)$ はともに整式とする．
次の手順で不定積分を求める．

(1) 分母と分子に共通因数があれば約分する．
(2) 分子 $f(x)$ の次数が分母 $g(x)$ の次数以上の場合は割り算をして分子の次数が分母の次数より小さくなるように変形する．
(3) 分母を因数分解する．
(4) 部分分数に分解する．

部分分数に分解して不定積分を求める代表的な例題をいくつか紹介する．なお「あとがき」に関連事項を書いている．

例題 5.17 $\dfrac{1}{x^2-a^2}$ の不定積分を求めよ．

［解答］

$$\frac{1}{x^2-a^2}=\frac{1}{(x-a)(x+a)}=\frac{A}{x-a}+\frac{B}{x+a}$$

とおく．分母を払って

$$1 = A(x+a) + B(x-a)$$

この式が x について恒等式となるように x を定める．

$x = a$ を代入して $1 = 2aA$ より $A = \dfrac{1}{2a}$

$x = -a$ を代入して $1 = -2aB$ より $B = -\dfrac{1}{2a}$

このように x に関する等式が恒等式となるように係数を定めるとき，x に特定の数値を代入して求める方法を**数値代入法**という．

よって与式は

$$\frac{1}{x^2 - a^2} = \frac{1}{2a}\left(\frac{1}{x-a} - \frac{1}{x+a}\right)$$

となるので，求める不定積分は

$$\begin{aligned}
\int \frac{dx}{x^2 - a^2} &= \int \frac{1}{2a}\left(\frac{1}{x-a} - \frac{1}{x+a}\right) dx \\
&= \frac{1}{2a}(\log|x-a| - \log|x+a|) + C \\
&= \frac{1}{2a}\log\left|\frac{x-a}{x+a}\right| + C
\end{aligned}$$

となる．これで次の公式が得られた．

$$\int \frac{1}{x^2 - a^2} dx = \frac{1}{2a}\log\left|\frac{x-a}{x+a}\right| + C \tag{5.17}$$

例題 5.18 次の分数式を部分分数に分解せよ．

(1) $\dfrac{x+9}{x^2 - 2x - 3}$ (2) $\dfrac{2x+3}{x^2(x+1)}$ (3) $\dfrac{x+1}{x(x^2+1)}$

[解答] (1):
$$\frac{x+9}{x^2-2x-3} = \frac{x+9}{(x+1)(x-3)} = \frac{A}{x+1} + \frac{B}{x-3}$$

とおく．分母を払って

$$x+9 = A(x-3) + B(x+1)$$

$x = -1$ を代入して $8 = -4A$ より $A = -2$
$x = 3$ を代入して $12 = 4B$ より $B = 3$
よって与式は

$$\frac{x+9}{x^2-2x-3} = \frac{-2}{x+1} + \frac{3}{x-3}$$

となる．

(2):
$$\frac{2x+3}{x^2(x+1)} = \frac{A}{x} + \frac{B}{x^2} + \frac{C}{x+1}$$

とおく．分母を払い右辺を x で整理する．

$$2x+3 = Ax(x+1) + B(x+1) + Cx^2 = (A+C)x^2 + (A+B)x + B$$

両辺の係数を比べて

$$A+C = 0, \quad A+B = 2, \quad B = 3$$

よって $A = -1, B = 3, C = 1$ となる．よって与式は

$$\frac{2x+3}{x^2(x+1)} = -\frac{1}{x} + \frac{3}{x^2} + \frac{1}{x+1}$$

となる．このように両辺の係数を比べる方法を**係数比較法**という．

(3):
$$\frac{x+1}{x(x^2+1)} = \frac{A}{x} + \frac{Bx+C}{x^2+1}$$

とおく．分母を払うと

$$x+1 = A(x^2+1) + (Bx+C)x$$

$x=0$ とおくと $1=A$

$x=i$ とおくと $1+i = (Bi+C)i = -B+Ci$ よって $B=-1, C=1$ となる．よって与式は

$$\frac{x+1}{x(x^2+1)} = \frac{1}{x} + \frac{-x+1}{x^2+1}$$

となる．

例題 5.19 次の不定積分を求めよ．

(1) $\displaystyle\int \frac{x+9}{x^2-2x-3}\,dx$ 　　(2) $\displaystyle\int \frac{2x+3}{x^2(x+1)}\,dx$

(3) $\displaystyle\int \frac{x+1}{x(x^2+1)}\,dx$

[解答] 前の例題の結果を利用する．

(1):

$$\begin{aligned}
\int \frac{x+9}{x^2-2x-3}dx &= \int \left(\frac{-2}{x+1} + \frac{3}{x-3}\right)dx \\
&= -2\log|x+1| + 3\log|x-3| + C \\
&= \log\frac{|x-3|^3}{(x+1)^2} + C
\end{aligned}$$

(2):

$$\begin{aligned}
\int \frac{2x+3}{x^2(x+1)}dx &= \int \left(-\frac{1}{x} + \frac{3}{x^2} + \frac{1}{x+1}\right)dx \\
&= -\log|x| - \frac{3}{x} + \log|x+1| + C \\
&= \log\left|\frac{x+1}{x}\right| - \frac{3}{x} + C
\end{aligned}$$

(3):
$$\int \frac{x+1}{x(x^2+1)}dx = \int \left(\frac{1}{x} + \frac{-x+1}{x^2+1}\right) dx$$
$$= \log|x| + \int \left(-\frac{x}{x^2+1} + \frac{1}{x^2+1}\right) dx$$
$$= \log|x| - \frac{1}{2}\log(x^2+1) + \arctan x + C$$

問題 5.20 次の不定積分を求めよ．

(1) $\displaystyle\int \frac{dx}{x^2+x-2}$ (2) $\displaystyle\int \frac{x-7}{(x+2)(x-1)^2}dx$

(3) $\displaystyle\int \frac{2x}{(x-1)(x^2+1)}dx$ (4) $\displaystyle\int \frac{x+1}{x^3-1}dx$

5.5 三角関数の置換積分

　三角関数の不定積分は，置換積分の節で何題か扱っている．それらの代表的な形は公式

$$\int \frac{f'(x)}{f(x)} dx = \log|f(x)| + C$$

の形をしているか，あるいは次の形をしている問題であった．

$$\int (\cos x \text{ の式}) \sin x \, dx \tag{5.18}$$

$$\int (\sin x \text{ の式}) \cos x \, dx \tag{5.19}$$

　式 (5.18) の場合，$\cos x = t$ とおくと $\sin x \, dx = (-1)dt$ となり，三角関数が消えて t の式の不定積分となる．式 (5.19) の場合は，$\sin x = t$ とおくと $\cos x \, dx = dt$ となり，同様に t の式の不定積分となる．

5.5 三角関数の置換積分

このほか，三角関数の式の中には $\tan \dfrac{x}{2} = t$ とおいて置換するものもある．

補題 5.21 $\tan \dfrac{x}{2} = t$ とおくと次の式が成り立つ
$$\sin x = \frac{2t}{1+t^2}, \quad \cos x = \frac{1-t^2}{1+t^2}, \quad \frac{dx}{dt} = \frac{2}{1+t^2}$$

【証明】 まず必要な三角関数の公式を書いておく．
$$\sin 2\theta = 2\sin\theta\cos\theta, \quad \cos^2\theta = \frac{1}{1+\tan^2\theta}, \quad \cos 2\theta = 2\cos^2\theta - 1$$
よって

$$\sin x = 2\sin\frac{x}{2}\cos\frac{x}{2} = 2\frac{\sin\dfrac{x}{2}}{\cos\dfrac{x}{2}}\cos^2\frac{x}{2}$$
$$= \frac{2\tan\dfrac{x}{2}}{1+\tan^2\dfrac{x}{2}} = \frac{2t}{1+t^2}$$
$$\cos x = 2\cos^2\frac{x}{2} - 1 = \frac{2}{1+\tan^2\dfrac{x}{2}} - 1$$
$$= \frac{2}{1+t^2} - 1 = \frac{1-t^2}{1+t^2}$$

また
$$\frac{dt}{dx} = \frac{1}{2}\cdot\frac{1}{\cos^2\dfrac{x}{2}} = \frac{1}{2}\cdot\left(1+\tan^2\frac{x}{2}\right) = \frac{1+t^2}{2}$$

よって
$$\frac{dx}{dt} = \frac{2}{1+t^2} \qquad \square$$

系 5.22 $\tan\dfrac{x}{2} = t$ とおくと，次が成立する．
$$\int f(\sin x, \cos x)\, dx = \int f\left(\frac{2t}{1+t^2}, \frac{1-t^2}{1+t^2}\right) \frac{2}{1+t^2}\, dt$$

例題 5.23 次の不定積分を求めよ．

(1) $\displaystyle\int \frac{dx}{1+\cos x}$

(2) $\displaystyle\int \frac{dx}{1+\sin x}$

［解答］ (1) $\tan\dfrac{x}{2} = t$ とおく．
$$\int \frac{1}{1+\cos x}dx = \int \left(\frac{1}{1+\dfrac{1-t^2}{1+t^2}} \cdot \frac{2}{1+t^2}\right) dt$$
$$= \int 1\, dt = t + C$$
$$= \tan\frac{x}{2} + C$$

(2) $\tan\dfrac{x}{2} = t$ とおく．
$$\int \frac{1}{1+\sin x}dx = \int \left(\frac{1}{1+\dfrac{2t}{1+t^2}} \cdot \frac{2}{1+t^2}\right) dt$$
$$= \int \frac{2}{(1+t)^2}dt$$
$$= -\frac{2}{1+t} + C$$
$$= -\frac{2}{1+\tan\dfrac{x}{2}} + C$$

問題 **5.24** 次の不定積分を求めよ．

(1) $\displaystyle\int \frac{dx}{\sin x}$ 　　(2) $\displaystyle\int \frac{dx}{1-\cos x}$

(3) $\displaystyle\int \frac{dx}{1+\cos x + \sin x}$ 　　(4) $\displaystyle\int \frac{dx}{\cos x}$

5.6　無理式の積分

ルートの中が2次式あるいは分数式の問題は，次の例題 5.25 のように置換積分で簡単に解くことができる問題もあるが，一般的な解法は扱わない．代表的な例題は「あとがき」に書いておいた．本節ではルートの中が1次式の問題を考える．

例題 **5.25**　不定積分 $I = \displaystyle\int \frac{3x}{\sqrt{4-x^2}}dx$ を求めよ．

[解答]　$4-x^2 = t$ とおく．$-2x\,dx = dt$ より $x\,dx = -\dfrac{1}{2}dt$ よって
$$I = -\frac{3}{2}\int \frac{dt}{\sqrt{t}} = -3\sqrt{t} + C = -3\sqrt{4-x^2} + C$$

■ $\displaystyle\int f(x, \sqrt{ax+b})dx$ のときは $t = \sqrt{ax+b}$ と置換する．

例題 **5.26**　不定積分 $I = \displaystyle\int \frac{dx}{(x-1)\sqrt{x+1}}$ を求めよ．

[解答]　$\sqrt{x+1} = t$ とおく．$x+1 = t^2$ より $x = t^2 - 1$ よって $dx = 2t\,dt$．よって

$$I = \int \frac{2t}{(t^2-2)t} dt = 2\int \frac{dt}{t^2-2}$$
$$= 2 \times \frac{1}{2\sqrt{2}} \log\left|\frac{t-\sqrt{2}}{t+\sqrt{2}}\right| + C \quad \text{(命題 5.17 利用)}$$
$$= \frac{1}{\sqrt{2}} \log\left|\frac{\sqrt{x+1}-\sqrt{2}}{\sqrt{x+1}+\sqrt{2}}\right| + C$$

問題 5.27 次の不定積分を求めよ.

(1) $\displaystyle\int \frac{x}{\sqrt{x-1}} dx$ (2) $\displaystyle\int \frac{dx}{x\sqrt{1-x}}$ (3) $\displaystyle\int \frac{dx}{x\sqrt{1+x}}$

第6章 定積分

6.1 定積分の計算方法

定義 6.1 定積分

$f(x)$ の原始関数を $F(x)$ とおく．このとき
$$I = \bigl[F(x)\bigr]_a^b = F(b) - F(a)$$
を，$f(x)$ の a から b までの定積分といい，
$$I = \int_a^b f(x)dx$$
で表す．a と b の大小はとくに定めない．この定積分の定義が原始関数 $F(x)$ の取り方によらないことを次の補題で示す．

補題 6.2 $F(x)$ と $G(x)$ がともに $f(x)$ の原始関数ならば，$F(b) - F(a) = G(b) - G(a)$ が成立する．

【証明】命題 4.12 より $F'(x) = G'(x)$ ならば $F(x) = G(x) + C$ となる．よって
$$F(b) - F(a) = \{G(b) + C\} - \{G(a) + C\} = G(b) - G(a)$$
となり主張が成立する． □

定理 6.3 定積分の基本性質

次の基本性質が成り立つことは定義より明らかである．

(1) $\displaystyle\int_a^b f(x)dx = -\int_b^a f(x)dx$

(2) $\displaystyle\int_a^a f(x)dx = 0$

(3) $\displaystyle\int_a^c f(x)dx + \int_c^b f(x)dx = \int_a^b f(x)dx$

(4) $\displaystyle\int_a^b \{f(x) \pm g(x)\}dx = \int_a^b f(x)dx \pm \int_a^b g(x)dx$

(5) $\displaystyle\frac{d}{dx}\int_a^x f(t)dt = f(x)$

定理 6.4 積分の平均値の定理

$a < b$ とする．このとき

$$\int_a^b f(x)dx = f(c)(b-a) \quad (a < c < b)$$

をみたす c が存在する．

【証明】 $f(x)$ の原始関数を $F(x)$ とする．平均値の定理を $F(x)$ と区間 $[a,b]$ に適用すると

$$F(b) - F(a) = F'(c)(b-a) \quad (a < c < b)$$

をみたす c が存在するが，これより定理が成立することがわかる． □

系 6.5 区間 $[a,b]$ で $f(x) \geqq g(x)$ ならば

$$\int_a^b f(x)dx \geqq \int_a^b g(x)dx$$

【証明】 関数 $f(x) - g(x)$ に対して積分の平均値の定理を適用すると

$$\int_a^b \{f(x) - g(x)\}dx = \{f(c) - g(c)\}(b-a) \quad (a < c < b)$$

をみたす c が存在する．仮定より $f(c) - g(c) \geqq 0$ なので

$$\int_a^b \{f(x) - g(x)\}dx \geqq 0$$

である．よって補題 6.3(4) より主張が成立する． □

例題 6.6 $\int_a^b x^2 dx$ を求めよ．

[解答]

$$\int_a^b x^2 dx = \Big[F(x)\Big]_a^b = \Big[\frac{x^3}{3}\Big]_a^b = \frac{b^3 - a^3}{3}$$

問題 6.7 次の定積分を求めよ．

(1) $\int_1^{e^2} \frac{1}{x} dx$ (2) $\int_1^2 3x^2 dx$

(3) $\int_1^2 \frac{1}{2\sqrt{x}} dx$ (4) $\int_1^{\sqrt{3}} \frac{1}{1+x^2} dx$

問題 6.8 次の定積分を求めよ．

(1) $\int_0^{\frac{\pi}{2}} \sin x \, dx$ (2) $\int_0^{\frac{\pi}{2}} \cos x \, dx$

(3) $\int_0^{\frac{\pi}{2}} \sin^2 x \, dx$ (4) $\int_0^{\frac{\pi}{2}} \cos^2 x \, dx$

ヒント：(3) $\sin^2 x = \dfrac{1-\cos 2x}{2}$, (4) $\cos^2 x = \dfrac{1+\cos 2x}{2}$

6.2 定積分の置換積分と部分積分

命題 6.9 定積分の置換積分

次が成立する．

(1) $x = g(t)$ のとき $a = g(\alpha)$, $b = g(\beta)$ ならば
$$\int_a^b f(x)\,dx = \int_\alpha^\beta f(g(t))g'(t)\,dt$$

(2) $g(x) = t$ のとき $g(a) = \alpha$, $g(b) = \beta$ ならば
$$\int_a^b f(g(x))g'(x)\,dx = \int_\alpha^\beta f(t)\,dt$$

【証明】 (1) $f(x)$ の原始関数を $F(x)$ とおく．

$$\begin{aligned}
\int_a^b f(x)\,dx &= F(b) - F(a) \\
&= F(g(\beta)) - F(g(\alpha)) \\
&= \bigl[F(g(t))\bigr]_\alpha^\beta \\
&= \int_\alpha^\beta \frac{d}{dt}\{F(g(t))\}\,dt \\
&= \int_\alpha^\beta f(g(t))g'(t)\,dt
\end{aligned}$$

(2) は (1) の変数を変えただけである． □

例題 6.10 次の定積分を求めよ．
$$I = \int_0^a \sqrt{a^2 - x^2}\,dx \quad (a > 0)$$

[解答] $x = a\sin t$ とおく．$x : 0 \to a$ のとき $\sin t : 0 \to 1$ である．よって $t : 0 \to \dfrac{\pi}{2}$ が対応していると考える．このとき

$$\sqrt{a^2 - x^2} = \sqrt{a^2 - a^2 \sin^2 t} = a\sqrt{1 - \sin^2 t} = a\sqrt{\cos^2 t}$$

ここで $0 \leqq t \leqq \dfrac{\pi}{2}$ より $\cos t \geqq 0$．よって $\sqrt{a^2 - x^2} = a\cos t$．また $dx = a\cos t \, dt$ より

$$I = \int_0^{\frac{\pi}{2}} a\cos t \cdot a\cos t \, dx = \frac{\pi a^2}{4}$$

となる．なお最後の計算は問題 6.8(4) を参照した．

問題 6.11 次の定積分を求めよ．

(1) $\displaystyle\int_0^{\frac{\pi}{2}} \sin^3 x \, dx$ (2) $\displaystyle\int_0^{\frac{\pi}{2}} \cos^3 x \, dx$

ヒント：**(1)** $\sin^3 x = (1 - \cos^2 x) \sin x$ として $\cos x = t$ とおく．
(2) $\cos^3 x = (1 - \sin^2 x) \cos x$ として $\sin x = t$ とおく．

問題 6.12 次の定積分を求めよ．

(1) $\displaystyle\int_0^1 x(x^2 + 1)^3 \, dx$ (2) $\displaystyle\int_{\frac{1}{e}}^e \frac{(\log x)^2}{x} \, dx$

命題 6.13 定積分の部分積分

$$\int_a^b f(x) g'(x) \, dx = \Big[f(x) g(x) \Big]_a^b - \int_a^b f'(x) g(x) \, dx$$

例題 6.14 次の等式を示せ．

$$\int_\alpha^\beta a(x - \alpha)(x - \beta) dx = -\frac{a}{6}(\beta - \alpha)^3$$

[解答]
$$\int_\alpha^\beta a(x-\alpha)(x-\beta)dx = \left[\frac{a}{2}(x-\alpha)(x-\beta)^2\right]_\alpha^\beta - \int_\alpha^\beta \frac{a}{2}(x-\beta)^2 dx$$
$$= -\frac{a}{6}[(x-\beta)^3]_\alpha^\beta = -\frac{a}{6}(\beta-\alpha)^3$$

問題 6.15 次の定積分を計算せよ．

(1) $\int_0^{\frac{\pi}{2}} x\cos x\, dx$
(2) $\int_0^1 xe^x\, dx$
(3) $\int_1^e x\log x\, dx$

6.3 広義積分

定積分 $\int_a^b f(x)dx$ において積分区間 $[a,b]$ の中に $f(x)$ が定義されない点を含むとき，この定積分を広義積分という．

■ 積分区間 $[a,b]$ の端点 a または b で $f(x)$ が定義されないとき

たとえば $x=a$ で $f(x)$ が定義されないとき
$$\lim_{\varepsilon\to+0}\int_{a+\varepsilon}^b f(x)\, dx$$
が存在すれば，それを $\int_a^b f(x)dx$ の定義とする．

同様に $x=b$ で $f(x)$ が定義されないときは
$$\lim_{\varepsilon\to+0}\int_a^{b-\varepsilon} f(x)\, dx$$
が存在すれば，それを $\int_a^b f(x)dx$ の定義とする．

■ 積分区間 $[a, b]$ の端点ではない点 c で $f(x)$ が定義されないとき

二つの広義積分

$$\int_a^c f(x)dx, \quad \int_c^b f(x)dx$$

がともに存在するとき

$$\int_a^b f(x)dx = \int_a^c f(x)dx + \int_c^b f(x)dx$$

と定める．

例題 6.16 次の積分を求めよ．

$$I = \int_0^2 \frac{1}{\sqrt{x}}dx$$

[解答]　関数 $\dfrac{1}{\sqrt{x}}$ は $x=0$ で定義されていないので，I は広義の積分である．

$$\lim_{\varepsilon \to +0} \int_\varepsilon^2 \frac{1}{\sqrt{x}}\,dx = \lim_{\varepsilon \to +0} \left[2\sqrt{x}\right]_\varepsilon^2 = \lim_{\varepsilon \to +0}(2\sqrt{2} - 2\sqrt{\varepsilon}) = 2\sqrt{2}$$

例題 6.17 次の積分を求めよ．

$$I = \int_0^1 \frac{1}{x}dx$$

[解答]　関数 $\dfrac{1}{x}$ は $x=0$ で定義されていないので，I は広義の積分である．

$$\lim_{\varepsilon \to +0} \int_\varepsilon^1 \frac{1}{x}\,dx = \lim_{\varepsilon \to +0} \left[\log |x|\right]_\varepsilon^1 = \lim_{\varepsilon \to +0}(-\log \varepsilon) = \infty$$

問題 **6.18** 次の積分を求めよ．

(1) $I = \displaystyle\int_0^1 \dfrac{1}{x^{0.999}} dx$ (2) $I = \displaystyle\int_0^1 \dfrac{1}{\sqrt{1-x^2}} dx$

(2) のヒント

$$I = \lim_{\varepsilon \to +0} \int_0^{1-\varepsilon} \frac{dx}{\sqrt{1-x^2}} = \lim_{\varepsilon \to +0} \left[\arcsin x\right]_0^{1-\varepsilon}$$
$$= \lim_{\varepsilon \to +0} \arcsin(1-\varepsilon)$$

■ 無限積分

積分区間が無限区間の場合を考えることがある．これを無限積分という．

・積分区間が $[a, \infty)$ の場合
$$\lim_{K \to \infty} \int_a^K f(x)dx$$
が存在するとき，その極限値を $\displaystyle\int_a^\infty f(x)dx$ の定義とする．

・積分区間が $(-\infty, b]$ の場合
$$\lim_{K \to \infty} \int_{-K}^b f(x)dx$$
が存在するとき，その極限値を $\displaystyle\int_{-\infty}^b f(x)dx$ の定義とする．

・積分区間が $(-\infty, \infty)$ の場合
c を実数として
$$\int_{-\infty}^c f(x)dx, \quad \int_c^\infty f(x)dx,$$
がともに存在するとき，

$$\int_{-\infty}^{\infty} f(x)dx = \int_{-\infty}^{c} f(x)dx + \int_{c}^{\infty} f(x)dx$$

と定義とする．この定義は c の選び方によらない．

例 6.19 無限積分 $I = \int_{2}^{\infty} \dfrac{dx}{x^2}$ を求めよ．

［解答］

$$I = \lim_{K \to \infty} \int_{2}^{K} \frac{dx}{x^2} = \lim_{K \to \infty} \left[-\frac{1}{x}\right]_{2}^{K} = \lim_{K \to \infty} \left(-\frac{1}{K} + \frac{1}{2}\right) = \frac{1}{2}$$

例 6.20 無限積分 $I = \int_{0}^{\infty} \dfrac{1}{1+x^2} dx$ を求めよ．

［解答］

$$I = \lim_{K \to \infty} \int_{0}^{K} \frac{1}{1+x^2} dx = \lim_{K \to \infty} \left[\arctan x\right]_{0}^{K}$$
$$= \lim_{K \to \infty} (\arctan K - \arctan 0) = \frac{\pi}{2}$$

問題 6.21 次の無限積分を求めよ．

(1) $\int_{0}^{\infty} e^{-3x} dx$ (2) $\int_{1}^{\infty} \dfrac{1}{x^{1.001}} dx$

6.4 面積・体積・曲線の長さ

■ 面積

補題 6.22 $[a,b]$ を含む区間で定義された連続関数 $f(x)$ は $[a,b]$ で常に $f(x) \geqq 0$ とする．曲線 $y = f(x)$ と x 軸および 2 直線 $x = a, x = t$ $(a \leqq t \leqq b)$ で囲まれた図形の面積 $S(t)$ について

$$S'(t) = f(t)$$

が成立する．

【証明】 $h > 0$ とする．$S(t+h) - S(t)$ は曲線 $y = f(x)$ と x 軸および 2 直線 $x = t, x = t+h$ で囲まれた図形の面積である．$\dfrac{S(t+h) - S(t)}{h}$ は h が 0 に近づくとき $f(t)$ に近づいていく．すなわち

$$S'(t) = f(t)$$

である．あるいはもう少し丁寧に説明すると，閉区間 $[t, t+h]$ において，連続関数 $f(x)$ は最大値 M および最小値 m をとる．このとき，

$$mh \leqq S(t+h) - S(t) \leqq Mh$$

すなわち $m \leqq \dfrac{S(t+h) - S(t)}{h} \leqq M$ が成立する．よって中間値の定理より（「あとがき」1章5節の関連事項参照），

$$\frac{S(t+h) - S(t)}{h} = f(s), \ (t \leqq s \leqq t+h)$$

となる s が存在する．このとき

$$\lim_{h \to +0} \frac{S(t+h) - S(t)}{h} = \lim_{s \to t} f(s) = f(t)$$

同様にして $h < 0$ の場合も

$$\lim_{h \to -0} \frac{S(t+h) - S(t)}{h} = f(t)$$

となり $S'(t) = f(t)$ となる． □

命題 6.23 連続関数 $f(x)$ が区間 $[a, b]$ でつねに $f(x) \geqq 0$ であるとき，曲線 $y = f(x)$ と x 軸および 2 直線 $x = a, x = b$ で囲まれた図形の面積 S は

$$S = \int_a^b f(x)\,dx$$

で与えられる．

【証明】 $S(t)$ を補題 6.22 で定義された関数とすると，$S(t)$ は $f(t)$ の原始関数であった．よって

$$S = S(b) - S(a) = \int_a^b f(t)\,dt = \int_a^b f(x)\,dx$$

となる． □

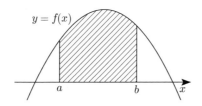

命題 6.23 より，ただちに次の命題 6.24, 6.25 が導かれる．

命題 6.24 連続関数 $f(x)$ が区間 $[a,b]$ で常に $f(x) \leqq 0$ であるとき，曲線 $y = f(x)$ と x 軸および 2 直線 $x = a, x = b$ で囲まれた図形の面積 S は

$$S = -\int_a^b f(x)\,dx$$

で与えられる．

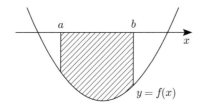

命題 6.25 連続関数 $f(x)$ と $g(x)$ が区間 $[a,b]$ で常に $f(x) \leqq g(x)$ であるとき,曲線 $y = f(x)$,曲線 $y = g(x)$ および 2 直線 $x = a, x = b$ で囲まれた図形の面積 S は

$$S = \int_a^b \{f(x) - g(x)\} \, dx$$

で与えられる.

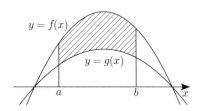

例題 6.26 次の曲線や直線で囲まれた図形の面積 S を求めよ.

$$y = \sin x, \ y = \cos x, \ x = \frac{\pi}{4}, \ x = \pi$$

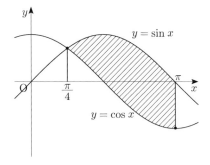

[解答] $\dfrac{\pi}{4} \leqq x \leqq \pi$ で $\sin x \geqq \cos x$ である.よって

$$S = \int_{\pi/4}^{\pi} (\sin x - \cos x) dx = [-\cos x - \sin x]_{\pi/4}^{\pi} = 1 + \sqrt{2}$$

例題 **6.27** サイクロイド $\begin{cases} x = t - \sin t \\ y = 1 - \cos t \quad (0 \leqq t \leqq 2\pi) \end{cases}$

と x 軸で囲まれた部分の面積を求めよ．

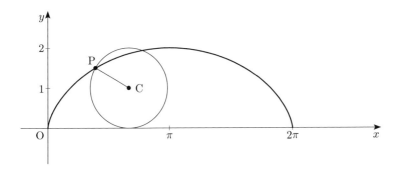

[解答]
$$S = \int_0^{2\pi} y \, dx$$

において $t : 0 \to 2\pi$ のとき $x : 0 \to 2\pi$ である．

$$dx = (1 - \cos t)dt$$

より

$$\begin{aligned}
S &= \int_0^{2\pi} (1 - \cos t)^2 \, dt \\
&= \int_0^{2\pi} (1 - 2\cos t + \cos^2 t) \, dt \\
&= \int_0^{2\pi} \left(1 - 2\cos t + \frac{1 + \cos 2t}{2}\right) dt \\
&= \left[\frac{3}{2}t - 2\sin t + \frac{1}{4}\sin 2t\right]_0^{2\pi} \\
&= 3\pi
\end{aligned}$$

問題 6.28 次の直線や曲線で囲まれた部分の面積を求めよ．

(1) $y = x^2$, $x = 1$, $y = 0$

(2) $y = \sqrt{x}$, $x = 1$, $y = 0$

(3) $y = \cos x \ \left(-\dfrac{\pi}{2} \leqq x \leqq \dfrac{\pi}{2}\right)$, $y = 0$

(4) $y = e^x$, $y = e^{2x}$, $x = 1$, $x = 2$

■ 体積

ある立体の x 軸に垂直な 2 平面 A, B の間に挟まれた部分の体積 V を求めたい．2 平面 A, B が x 軸と交わる点の座標をそれぞれ a, b $(a < b)$ とする．

x 座標が t $(a \leqq t \leqq b)$ の点で x 軸と垂直に交わる平面 T を考える．T でこの立体を切ったとき，切り口の面積を $S(t)$ とする．この設定の下で次の補題 6.29 と定理 6.30 が成立する．

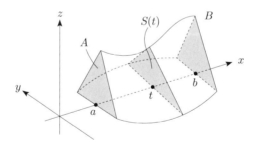

補題 6.29 $a < t < b$ とし，2 平面 A, T の間にある立体の体積を $V(t)$ とする．このとき

$$V'(t) = S(t)$$

となる．

【証明】 $h > 0$ とする. $\dfrac{V(t+h) - V(t)}{h}$ は h が 0 に近づくとき $S(t)$ に近づいていく. すなわち

$$V'(t) = S(t)$$

である. □

この補題より次の定理が導かれる.

定理 6.30

補題 6.29 の状況を仮定する. 2 平面 A, B で挟まれた立体の体積 V は

$$V = \int_a^b S(x)\,dx$$

で与えられる.

■ 回転体の体積

曲線 $y = f(x)$, x 軸および $x = a$, $x = b$ で囲まれる部分を x 軸のまわりに回転してできる回転体を考える.

x 座標が t の点で x 軸と垂直に交わる平面で回転体を切断したとき, 切断面は半径が $|f(t)|$ の円となる. よってその面積は $\pi f(t)^2$ である. ゆえに回転体の体積 V は

$$V = \pi \int_a^b f(x)^2\,dx$$

となる.

例 6.31 $y = x^2$, x 軸, $x = 1$ で囲まれる部分を x 軸のまわりに回転してできる回転体の体積は

$$\pi \int_0^1 (x^2)^2 \, dx = \frac{\pi}{5}$$

である.

例題 6.32 半径 r の球の体積は $\frac{4}{3}\pi r^3$ であるが,これを回転体の体積の公式を用いて導け.

[解答] 原点中心で半径 r の円の方程式は $x^2 + y^2 = r^2$ である.これを
$$y = \sqrt{r^2 - x^2} \quad (-r \leqq x \leqq r)$$
と変形すると,これは x 軸より上にある円の曲線の方程式である.よって求める球の体積は
$$\pi \int_{-r}^{r} y^2 \, dx = \pi \int_{-r}^{r} (r^2 - x^2) dx = \frac{4}{3}\pi r^3$$
である.

問題 6.33 次の曲線で囲まれる図形を,x 軸のまわりに回転してできる回転体の体積を求めよ.
(1) $y = e^x$, x 軸, $x = 1$, $x = 2$
(2) $y = \sin x \ (0 \leqq x \leqq \pi)$, x 軸

■ 曲線の長さ

定理 6.34

関数 $y = f(x)$ は区間 $[a, b]$ で連続な導関数を持つとする.$y = f(x)$ の表す曲線の $[a, b]$ における長さ L は次の式で求められる.
$$L = \int_a^b \sqrt{1 + f'(x)^2} dx$$

定理 6.34 の証明は「あとがき」を参照.

例題 6.35 曲線 $y = e^{\frac{x}{2}} + e^{-\frac{x}{2}}$ の区間 $[0,1]$ における長さ L を求めよ.

[解答]

$$\begin{aligned}1 + (y')^2 &= 1 + \left(\frac{1}{2}e^{\frac{x}{2}} - \frac{1}{2}e^{-\frac{x}{2}}\right)^2 \\ &= 1 + \frac{1}{4}\left((e^{\frac{x}{2}})^2 - 2 + (e^{-\frac{x}{2}})^2\right) \\ &= \frac{1}{4}\left((e^{\frac{x}{2}})^2 + 2 + (e^{-\frac{x}{2}})^2\right) \\ &= \frac{1}{4}\left(e^{\frac{x}{2}} + e^{-\frac{x}{2}}\right)^2\end{aligned}$$

よって

$$\begin{aligned}L &= \int_0^1 \sqrt{1+(y')^2}dx \\ &= \int_0^1 \frac{1}{2}(e^{\frac{x}{2}} + e^{-\frac{x}{2}})dx \\ &= \left[e^{\frac{x}{2}} - e^{-\frac{x}{2}}\right]_0^1 = e^{\frac{1}{2}} - e^{-\frac{1}{2}}\end{aligned}$$

問題 6.36 曲線 $y = 2x$ の区間 $[0,1]$ における曲線の長さ L を求めよ (三平方の定理より答えはすぐにわかるが, それを曲線の長さの公式を用いて求めよ).

問題 6.37 曲線 $y = \sqrt{x^3}$ の区間 $[0,1]$ における曲線の長さ L を求めよ.

第7章 偏微分

7.1 偏微分と接平面

$z = f(x, y)$ を 2 変数関数という．1 変数関数 $y = f(x)$ のグラフは一般に xy 平面上の曲線であるが，2 変数関数 $z = f(x, y)$ のグラフは一般に xyz 空間内の曲面である．

2 変数関数 $z = f(x, y)$ において $y = b$ (一定) とすると x の関数 $f(x, b)$ ができる．この関数が $x = a$ で微分可能であるとき，$f(x, y)$ は (a, b) で **x-偏微分可能**であるという．その微分係数を **x-偏微分係数**と呼び $f_x(a, b)$ で表す．同様に **y-偏微分可能**，**y-偏微分係数** $f_y(a, b)$ を定義する．

$f(x, y)$ が領域 D のすべての点で x-偏微分可能であるとき，「D で x-偏微分可能である」という．同様に y-偏微分可能であるとき，「D で y-偏微分可能である」という．

D の各点 (x, y) で x-偏微分可能であるとき，その x-偏微分係数 $f_x(x, y)$ を x, y の関数と考えて x-偏導関数という．y-偏導関数 $f_y(x, y)$ についても同様に定める．

$f_x(x, y)$ は次の記号でも表される．

$$z_x, \ \frac{\partial z}{\partial x}, \ \frac{\partial}{\partial x} f(x, y)$$

同様に y-偏導関数 $f_y(x, y)$ は次の記号でも表される．

$$z_y, \quad \frac{\partial z}{\partial y}, \quad \frac{\partial}{\partial y}f(x,y)$$

なお ∂ は偏微分で使われる記号で「ディー」,「ラウンドディー」,「デル」などと呼ばれる.

例題 7.1 関数 $z = xye^{2y}$ を偏微分せよ(x-偏導関数,y-偏導関数を求めよ).

[解答] $z_x = ye^{2y}, z_y = x(e^{2y} + 2ye^{2y}) = x(1+2y)e^{2y}$

問題 7.2 次の関数を偏微分せよ.
(1) $f(x,y) = x^2 y^3$ (2) $z = x^2 - xy + y^2$ (3) $z = e^{xy}$
(4) $z = \sin(x-y)$ (5) $z = \arctan \dfrac{y}{x}$

定義 7.3 全微分可能

(a,b) を含むある領域で偏微分可能な 2 変数関数 $z = f(x,y)$ がある.

$$f(a+h, b+k) = f_x(a,b)h + f_y(a,b)k + f(a,b) + \varepsilon(h,k)$$

と $\varepsilon(h,k)$ を定める.

$$\lim_{(h,k) \to (0,0)} \frac{\varepsilon(h,k)}{\sqrt{h^2+k^2}} = 0 \quad \text{または} \quad \lim_{(h,k) \to (0,0)} \frac{\varepsilon(h,k)}{|h|+|k|} = 0$$

が成立するとき,$z = f(x,y)$ は点 (a,b) で全微分可能であるという.

この二つの条件は

$$\frac{1}{\sqrt{2}}(|h|+|k|) \leqq \sqrt{h^2+k^2} \leqq |h|+|k|$$

が成り立つので同値な条件である.

命題 7.4 $z = f(x,y)$ が点 (a,b) で全微分可能であるとき，曲面 $z = f(x,y)$ の点 (a,b) における接平面が存在する．その接平面の方程式は

$$z = f_x(a,b)(x-a) + f_y(a,b)(y-b) + f(a,b)$$

である．

命題 7.4 の説明は「あとがき」に書いている．

$z = f(x,y)$ がある領域で偏微分可能であり，その偏導関数が連続ならば $z = f(x,y)$ はその領域で全微分可能であることが知られている．

例題 7.5 曲面 $z = f(x,y) = \sqrt{6 - x^2 - y^2}$ 上の点 $(2, 1, f(2,1))$ における接平面の方程式を求めよ．

[解答] 接点は $(2, 1, 1)$ である．

$$f_x(x,y) = \frac{-x}{\sqrt{6 - x^2 - y^2}}, \ f_y(x,y) = \frac{-y}{\sqrt{6 - x^2 - y^2}}$$

より $f_x(2,1) = -2$, $f_y(2,1) = -1$ なので接平面の方程式は

$$z = -2(x-2) - (y-1) + 1 = -2x - y + 6$$

問題 7.6 接平面の方程式を求めよ．
(1) 曲面 $z = x^3 + y^3$ 上の点 $\mathrm{P}(1, 2, 9)$
(2) 曲面 $z = xy$ 上の点 $\mathrm{P}(2, 3, 6)$
(3) 曲面 $z = \dfrac{1}{x^2 + y^2}$ 上の点 $\mathrm{P}(1, 1, \frac{1}{2})$

7.2 合成関数の偏微分

命題 7.7　$z = f(x,y)$ が全微分可能で，$x = \varphi(t)$, $y = \psi(t)$ が微分可能ならば，合成関数 $z = f(\varphi(t), \psi(t))$ は微分可能で次式が成立する．

$$\frac{dz}{dt} = \frac{\partial z}{\partial x}\frac{dx}{dt} + \frac{\partial z}{\partial y}\frac{dy}{dt}$$

証明は「あとがき」に書いている．

例題 7.8　合成関数 $z = x^2 + y^2$, $x = 2\cos t$, $y = 3\sin t$ を微分せよ．

［解答］
$$\begin{aligned}
\frac{dz}{dt} &= \frac{\partial z}{\partial x}\frac{dx}{dt} + \frac{\partial z}{\partial y}\frac{dy}{dt} \\
&= 2x(-2\sin t) + 2y(3\cos t) \\
&= -8\sin t \cos t + 18\sin t \cos t \\
&= 10\sin t \cos t = 5\sin 2t
\end{aligned}$$

問題 7.9　次の合成関数を微分せよ．
(1) $z = y^2 - x$, $x = pt^2$, $y = 2pt$ (p は定数)
(2) $z = xy$, $x = \sin t$, $y = \cos t$
(3) $z = \dfrac{x}{y}$, $x = 1 + t^3$, $y = 1 + t^2$

命題 7.10　$z = f(x,y)$ が全微分可能で，$x = \varphi(u,v)$, $y = \psi(u,v)$ が偏微分可能ならば，合成関数

$$z = f(\varphi(u,v), \psi(u,v))$$

は偏微分可能で次式が成立する．

$$\frac{\partial z}{\partial u} = \frac{\partial z}{\partial x}\frac{\partial x}{\partial u} + \frac{\partial z}{\partial y}\frac{\partial y}{\partial u} \tag{7.1}$$

$$\frac{\partial z}{\partial v} = \frac{\partial z}{\partial x}\frac{\partial x}{\partial v} + \frac{\partial z}{\partial y}\frac{\partial y}{\partial v} \tag{7.2}$$

【証明】 合成関数 $z = f(\varphi(u,v), \psi(u,v))$ において v を固定して考えると，命題 7.7 より式 (7.1) が成立する．同様に u を固定して考えると式 (7.2) が成立する． □

例題 7.11 $z = xy$, $x = u^2 + v^2$, $y = u^2 - v^2$ の合成関数を偏微分せよ．

[解答]

$$\frac{\partial z}{\partial u} = y \cdot 2u + x \cdot 2u = 2u(u^2 - v^2) + 2u(u^2 + v^2) = 4u^3$$

$$\frac{\partial z}{\partial v} = y \cdot 2v - x \cdot 2v = 2v(u^2 - v^2) - 2v(u^2 + v^2) = -4v^3$$

問題 7.12 次の合成関数を偏微分せよ．

(1) $z = xy^2$ と $\begin{cases} x = u+v \\ y = uv \end{cases}$ の合成関数．

(2) $z = x^2 + y^2$ と $\begin{cases} x = u\cos v \\ y = u\sin v \end{cases}$ の合成関数．

あとがき　本文補足事項

本文に付け加えたいと思われる説明をあとがきにまとめた．また問題の解答と本文で引用あるいは説明した公式集を載せている．

8.1　微分

■ 1.5 節の関連項目

◎区間における連続性

1.5 節で区間 I における連続性を定義した．この区間が有限区間で端点があるとき，たとえば $I = [a, b]$ のようなときは端点における連続性を次のように定義する．すなわち

$$f(x) \text{ は } x = a \text{ で連続} \iff \lim_{x \to +a} f(x) = f(a)$$

$$f(x) \text{ は } x = b \text{ で連続} \iff \lim_{x \to -b} f(x) = f(b)$$

と定める．

◎中間値の定理・最大値の原理

$[a, b]$ の形の区間を有限閉区間という．次の定理が成立することが知られている．

定理 8.1

有限閉区間を定義域とする連続関数の値域も有限閉区間である．

系 8.2 中間値の定理

関数 $f(x)$ は閉区間 $[a,b]$ で連続で $f(a) \neq f(b)$ とする. $f(a)$ と $f(b)$ の間の数 k に対して

$$f(c) = k \quad (a < c < b)$$

をみたす数 c が存在する.

系 8.3 最大値の原理

連続関数は有限閉区間において最大値と最小値を持つ.

■ 2.2 節の関連項目

◎合成関数の微分法の証明について

命題 2.6 の証明において「$k = 0$ のときはどうするのか」という疑問を回避する証明である.

定義 8.4

「関数 $y = f(x)$ が $x = a$ で微分可能である」
ということを次のように定義する. すなわち
　次の二つの条件 (1),(2) をみたすような, 定数 A と 0 の近傍で定義された関数 $\varepsilon_1(h)$ が存在する.
　(1) $f(a+h) - f(a) = (A + \varepsilon_1(h))h$
　(2) $\lim_{h \to 0} \varepsilon_1(h) = \varepsilon_1(0) = 0$

注意：関数 $y = f(x)$ が $x = a$ で微分可能であるとき, (1), (2) をみたす定数 A は関数 $f(x)$ と $x = a$ に対して一意的に定まる. 実際

$$A = \lim_{h \to 0} \frac{f(a+h) - f(a)}{h}$$

となるので A の一意性がわかる. A は $f'(a)$ と表される. また

$\varepsilon_1(h)$ も一意的に定まる．この定義が本文で定義した微分可能の定義と一致することは容易に確認できる．

命題 8.5 合成関数の導関数

$y = g(u), u = f(x)$ は微分可能とする．これらの合成関数 $y = g(f(x))$ の導関数について次が成立する．

$$\frac{dy}{dx} = \frac{dy}{du} \cdot \frac{du}{dx}$$

【証明】 $f(a+h) - f(a) = k, b = f(a)$ とおく．k が h の関数であることを強調したいときは $k = k(h)$ と書く．

$f(a+h) = f(a) + k = b + k$ である．

$f(x), g(u)$ はそれぞれ $x = a, u = b$ で微分可能なので，

$$f(a+h) - f(a) = (A + \varepsilon_1(h))h$$
$$g(b+k) - g(b) = (B + \varepsilon_2(k))k$$

$$\lim_{h \to 0} \varepsilon_1(h) = \varepsilon_1(0) = 0, \ \lim_{k \to 0} \varepsilon_2(k) = \varepsilon_2(0) = 0$$

となる $A, B, \varepsilon_1(h), \varepsilon_2(k)$ が存在する．

$$\begin{aligned}
g(f(a+h)) - g(f(a)) &= g(b+k) - g(b) \\
&= (B + \varepsilon_2(k))k \\
&= (B + \varepsilon_2(k))(f(a+h) - f(a)) \\
&= (B + \varepsilon_2(k))(A + \varepsilon_1(h))h \\
&= (AB + \varepsilon_2(k)A + \varepsilon_1(h)B + \varepsilon_2(k)\varepsilon_1(h))h
\end{aligned}$$

となる．いま

$$\varepsilon_3(h) = \varepsilon_2(k)A + \varepsilon_1(h)B + \varepsilon_2(k)\varepsilon_1(h)$$

とおく．定義 8.4 の (2) より $\varepsilon_1(h)$, $\varepsilon_2(k)$ はそれぞれ $h=0$, $k=0$ で連続である．また連続関数の合成関数もまた連続なので，

$$\varepsilon_2(k) = \varepsilon_2(k(h))$$

は h の関数として $h=0$ で連続である．すなわち

$$\lim_{h\to 0}\varepsilon_2(k) = \lim_{h\to 0}\varepsilon_2(k(h)) = \varepsilon_2(k(0)) = \varepsilon_2(0) = 0$$

である．したがって

$$\lim_{h\to 0}\varepsilon_3(h) = \lim_{h\to 0}\bigl(\varepsilon_2(k)A + \varepsilon_1(h)B + \varepsilon_2(k)\varepsilon_1(h)\bigr) = 0$$

$$\varepsilon_3(0) = \varepsilon_2(0)A + \varepsilon_1(0)B + \varepsilon_2(0)\varepsilon_1(0) = 0$$

となり $g(f(x))$ は $x=a$ で微分可能である．また微分係数は

$$AB = f'(a)g'(b)$$

である．よって証明された． □

■ 4.2 節の関連項目

◎媒介変数表示とコーシーの平均値の定理

$f(t), g(t)$ は $[a,b]$ で連続，(a,b) で微分可能とする．また区間 (a,b) で $g'(t) \neq 0$ とする．いま $x = g(t), y = f(t)$ とおくと 2 点

$$\mathrm{A}(g(a), f(a)),\ \mathrm{B}(g(b), f(b))$$

は $g(a) \neq g(b)$ より x 座標が異なる．

$$\frac{dy}{dx} = \frac{f'(t)}{g'(t)}$$

より点 $(g(c), f(c))$ における接線の傾きは

$$\frac{f'(c)}{g'(c)}$$

であるが，コーシーの平均値の定理は直線 AB と同じ傾きを持つ接線が曲線 AB の途中のどこかに存在することを意味している．

8.2 積分

■ 分数式の積分

本節では分数式の積分について，本文では触れなかったことを書く．なお本節で分数式といえば，分子分母ともに1変数多項式で係数は実数であるものを意味する．分数式の積分は本文でも指摘しているが，次の手順に従って行う．

手順 1. 分子と分母に共通因数があれば約分する．
手順 2. 分子の次数が分母の次数以上の場合は，割り算を実行する．
手順 3. 分母を因数分解する．
手順 4. 部分分数に分解する

手順 3 については次の命題 8.6 が成立することが知られている．

命題 8.6 実数を係数とする 1 変数多項式は，実数の範囲で 1 次式と判別式が負の 2 次式の積に因数分解される．すなわち積の記号 $\prod$ を使えば

$$k\prod_{i=1}^{n}(x-a_i)^{p_i}\prod_{j=i}^{m}(x^2+b_jx+c_j)^{q_j}$$

と因数分解される．ただし $b_j^2 - 4c_j < 0 \ (1 \leqq j \leqq m)$ であり，k

は与えられた多項式の最高次の係数である．

手順 4 については，次の命題 8.7 が成立することが知られている．

命題 8.7 分数式を上記の手順に従って手順 3 まで変形され，分母が命題 8.6 の形

$$k\prod_{i=1}^{n}(x-a_i)^{p_i}\prod_{j=i}^{m}(x^2+b_jx+c_j)^{q_j}$$

に因数分解されたとする．このとき与えられた分数式は，次の形

$$\sum_{i=1}^{n}\left(\sum_{l=1}^{p_i}\frac{d_{il}}{(x-a_i)^l}\right)+\sum_{j=1}^{m}\left(\sum_{l=1}^{q_j}\frac{e_{jl}x+f_{jl}}{(x^2+b_jx+c_j)^l}\right) \quad (8.1)$$

に分解される．これを**部分分数分解**という．

よって次の二つの分数式の不定積分ができれば，式 (8.1) の不定積分が出来ることになる．

$$\frac{d}{(x-a)^l},\quad \frac{ex+f}{(x^2+bx+c)^l}$$

前の分数式の不定積分は容易に求めることができる．後の分数式の不定積分は x^2+bx+c の判別式が負であることに注意すると，適当な置換積分を考えることにより

$$\frac{gx+h}{(x^2+1)^l}=\frac{gx}{(x^2+1)^l}+\frac{h}{(x^2+1)^l}$$

の形に帰着できる．$\dfrac{gx}{(x^2+1)^l}$ については $x^2+1=t$ と置換すればよい．$\dfrac{h}{(x^2+1)^l}$ については次の命題を利用する．

命題 8.8 $I_n = \displaystyle\int \frac{1}{(x^2+1)^n} dx$ とおくと，漸化式
$$I_n = \frac{1}{2(n-1)} \left\{ (2n-3)I_{n-1} + \frac{x}{(x^2+1)^{n-1}} \right\} \quad (n=2,3,\cdots)$$
が成立する．

【証明】 $n > 1$ のとき，部分積分法より
$$\begin{aligned}
I_{n-1} &= \int \frac{1}{(x^2+1)^{n-1}} dx \\
&= \frac{x}{(x^2+1)^{n-1}} - \int x \left\{ \frac{1}{(x^2+1)^{n-1}} \right\}' dx \\
&= \frac{x}{(x^2+1)^{n-1}} + 2(n-1) \int \frac{x^2}{(x^2+1)^n} dx \\
&= \frac{x}{(x^2+1)^{n-1}} + 2(n-1) \int \frac{(x^2+1)-1}{(x^2+1)^n} dx \\
&= \frac{x}{(x^2+1)^{n-1}} + 2(n-1) I_{n-1} - 2(n-1) I_n
\end{aligned}$$

これを I_n について解けば求める漸化式が得られる． □

例題 8.9 不定積分 $\displaystyle\int \frac{1}{(x^2+1)^2} dx$ を求めよ．

[解答] 前の命題の漸化式を利用すると
$$\begin{aligned}
I_2 &= \frac{1}{2} \left(I_1 + \frac{x}{x^2+1} \right) \\
&= \frac{1}{2} \left(\int \frac{1}{x^2+1} dx + \frac{x}{x^2+1} \right) \\
&= \frac{1}{2} \left(\arctan x + \frac{x}{x^2+1} \right) + C
\end{aligned}$$

■ 無理式の積分

本節ではルートの中が 2 次式の無理式を考える．

○ルートの中の 2 次式の x^2 の係数が正のとき．

2 次式を $ax^2 + bx + c$ $(a > 0)$ とする．すなわち
$$\int f(x, \sqrt{ax^2 + bx + c})dx \quad (a > 0)$$
の形の不定積分を考える．この場合は
$$\sqrt{ax^2 + bx + c} = t - \sqrt{a}x$$
とおくことにより，x に関する無理関数の積分を t に関する分数関数の積分に変換できる．

例題 8.10 次の不定積分を求めよ．
$$\int \frac{1}{x\sqrt{x^2 + x + 1}}dx$$

[解答] $\sqrt{x^2 + x + 1} = t - x$ とおく．
$$x = \frac{t^2 - 1}{2t + 1}, \quad \sqrt{x^2 + x + 1} = \frac{t^2 + t + 1}{2t + 1}, \quad dx = \frac{2t^2 + 2t + 2}{(2t + 1)^2}dt$$
となるので
$$与式 = \int \frac{2}{t^2 - 1}dt = \log\left|\frac{t - 1}{t + 1}\right| + C = \log\left|\frac{\sqrt{x^2 + x + 1} + x - 1}{\sqrt{x^2 + x + 1} + x + 1}\right| + C$$

○ルートの中の 2 次式の x^2 の係数が負のとき．

2 次式を $ax^2 + bx + c$ $(a < 0)$ とする．与えられた無理関数がある区間を定義域に含むためには 2 次式 $ax^2 + bx + c$ の判別式が正でなければならない．すなわち
$$ax^2 + bx + c = a(x - \alpha)(x - \beta) \quad (\alpha < \beta)$$

と変形される．このときは
$$\sqrt{\frac{a(x-\beta)}{x-\alpha}} = t$$
とおくことにより，x に関する無理関数の積分を t に関する分数関数の積分に変換できる．

例題 8.11 次の不定積分を求めよ．
$$\int \frac{x}{\sqrt{2-x-x^2}} dx$$

[解答] $\sqrt{\dfrac{-(x-1)}{x+2}} = t$ とおく．
$$x = \frac{-2t^2+1}{t^2+1}, \quad \sqrt{2-x-x^2} = \frac{3t}{t^2+1}, \quad dx = -\frac{6t}{(t^2+1)^2} dt$$
となるので
$$I = \int \frac{4t^2-2}{(t^2+1)^2} dt = 4\int \frac{dt}{t^2+1} - 6\int \frac{dt}{(t^2+1)^2}$$
$$= \arctan t - \frac{3t}{1+t^2} + C = \arctan\sqrt{\frac{1-x}{x+2}} - \sqrt{-x^2-x+2} + C$$

ただし上の変形で例題 8.9 を利用した．

■ 曲線の長さ

定理 8.12

関数 $y = f(x)$ は区間 $[a,b]$ で連続な導関数を持つとする．
$y = f(x)$ の表す曲線の $[a,b]$ における長さ L は次の式で求められる．
$$L = \int_a^b \sqrt{1 + f'(x)^2}\, dx$$

定理の証明のためにいくつかの補題を準備する．

補題 8.13 傾き a の直線がある．この直線の区間 $[t, t+h]$ における長さは次のようになる．

$$h\sqrt{1+a^2}$$

【証明】 直角三角形において直角をはさむ 2 辺の長さが $a, a+h$ であるとする．このとき斜辺の長さは「三平方の定理」より $h\sqrt{1+a^2}$ となる． □

補題 8.14 定理 8.12 の仮定の下で閉区間

$$I = [t, t+h] \quad (a \leqq t < t+h \leqq b)$$

における $|f'(x)|$ の最大値および最小値をそれぞれ M, m とする．また $I = [t, t+h]$ における $y = f(x)$ の曲線の長さを $L(I)$ とすると

$$h\sqrt{1+m^2} \leqq L(I) \leqq h\sqrt{1+M^2}$$

が成立する．

【証明】 区間 I における $y = f(x)$ の曲線の長さは次のように定義される．
　区間 I の分割

$$\Delta : t = t_0 < t_1 < \cdots < t_n = t+h$$

によって，I における曲線は n 個の弧に分かれる．これらの分点を順次線分で結びその折れ線の長さを L_Δ とおく．分割を細かくしていくと L_Δ はだんだんと増加していくが，この極限値が曲線の長さ $L(I)$ である．分割 Δ の区間 $[t_i, t_{i+1}]$ の部分の線分の長さを L_Δ，線分の傾きを s とする．

平均値の定理より $s = f'(c)$ $(t_i < c < t_{i+1})$ となる c が存在する．補題 8.13 より

$$L_{\Delta_i} = (t_{i+1} - t_i)\sqrt{1 + f'(c)^2}$$

となる．

$$(t_{i+1} - t_i)\sqrt{1 + m^2} \leqq L_{\Delta_i} \leqq (t_{i+1} - t_i)\sqrt{1 + M^2}$$

の辺々を $i = 0$ から $i = n - 1$ まで加えると

$$h\sqrt{1 + m^2} \leqq L_\Delta = \sum_{i=0}^{n-1} L_{\Delta_i} \leqq h\sqrt{1 + M^2}$$

が成立する．よって n を限りなく大きくしたときの極限値を考えると

$$h\sqrt{1 + m^2} \leqq L(I) \leqq h\sqrt{1 + M^2}$$

となる． □

補題 8.15 定理 8.12 の仮定の下で，区間 $[a, t]$ $(a \leqq t \leqq b)$ における曲線の長さを $L(t)$ とおく．このとき

$$L'(t) = \sqrt{1 + f'(t)^2} \tag{8.2}$$

である．

【証明】 $a \leqq t < t + h \leqq b$ とし区間 $[t, t+h]$ における $|f'(x)|$ の最大値を M，最小値を m とする．補題 8.14 より

$$h\sqrt{1 + m^2} \leqq L(t+h) - L(t) \leqq h\sqrt{1 + M^2} \tag{8.3}$$

である．ここで $h \to +0$ のとき

$$m^2 \to f'(t)^2, \quad M^2 \to f'(t)^2$$

である．よって式 (8.3) を h で割った式

$$\sqrt{1+m^2} \leqq \frac{L(t+h)-L(t)}{h} \leqq \sqrt{1+M^2}$$

において h を 0 に近づけると左辺と右辺が $\sqrt{1+f'(t)^2}$ に近づくので中辺も $\sqrt{1+f'(t)^2}$ に近づく．すなわち式 (8.2) が成立する．

$h<0$ のとき，すなわち $a \leqq t+h < t \leqq b$ のときも議論は同様である．

□

【定理 8.12 の証明】 前の補題より区間 $[a,t]$ ($a \leqq t \leqq b$) における曲線の長さを $L(t)$ とおくと $L(t)$ は $\sqrt{1+f'(t)^2}$ の原始関数である．よって

$$L = \int_a^b \sqrt{1+f'(x)^2}\,dx$$

である．

□

定理 8.12 の証明では「導関数が連続である」という仮定を使った（補題 8.14，補題 8.15）．以下に連続でない導関数の例を与える．

例 8.16 微分可能でない連続関数の例

まず $x=a$ で連続であるが微分係数 $f'(a)$ が存在しない例を与える．右微分係数と左微分係数が異なる例は容易に作ることができる．ここでは右微分係数も左微分係数も存在しない例を与える．

これは本文でもでてきた関数であるが，

$$f(x) = x\sin\frac{1}{x} \ (x \neq 0) \quad f(0) = 0$$

は $x=0$ で連続になることは本文で指摘している．$x=0$ における左

右の微分係数が存在しないことの証明も容易である．

例 8.17 連続でない導関数の例
$$f(x) = x^2 \sin \frac{1}{x} \ (x \neq 0) \quad f(0) = 0$$

この例では $f'(0) = 0$ であるが $x \to 0$ のときの $f'(x)$ の極限値が存在しない．この証明は難しい計算ではないので省略する．よって $f'(x)$ は $x = 0$ で連続でない．

■ 全微分可能と接平面

接平面の定義をする前に xy 平面における曲線の接線を次のように定義する．

定義 8.18

xy 平面に曲線 C と直線 l がある．次の二つの条件を満たすとき，l を点 P_0 における C の接線であるという．
(1) 点 P_0 は C と l の共有点である．
(2) 曲線上の点 P を P_0 に近づけたとき，直線 $P_0 P$ と直線 l のなす角は 0 に近づく．

命題 8.19 xy 平面に曲線 $C : y = f(x)$ がある．$f(x)$ が $x = a$ で微分可能のとき，直線

$$\ell \ : \ y = f'(a)(x-a) + f(a)$$

が点 $P_0(a, f(a))$ における C の接線である．

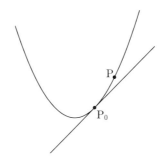

【証明】 曲線上の点 P が P_0 に近づくとき直線 PP_0 の傾きの極限値が $f'(a)$ である．すなわち直線 PP_0 と x 軸の正の方向とのなす角を θ, ℓ と x 軸の正の方向とのなす角を θ_0 とすると

$$P \to P_0 \text{ のとき } \tan\theta \to \tan\theta_0$$

となる．よって θ は θ_0 に近づく．これは直線 PP_0 と ℓ のなす角が 0 に近づくことを意味する．よって証明された． □

注意：2 直線のなす角 θ は $0 \leqq \theta \leqq \dfrac{\pi}{2}$ の範囲にあると考える．また直線と x 軸の正の方向とのなす角 θ は $-\dfrac{\pi}{2} < \theta \leqq \dfrac{\pi}{2}$ の範囲にあると考える．

同様に接平面を定義する．

定義 8.20

xyz 空間に曲面 C と平面 α がある．次の二つの条件を満たすとき，α を点 P_0 における C の接平面であるという．

(1) 点 P_0 は C と α の共有点である．

(2) 曲面上の点 P を P_0 に近づけたとき，直線 P_0P と平面 α のなす角は 0 に近づく．

注意:「直線 P_0P と平面 α のなす角」とは,P から平面 α に垂線を引きその足を H とする.このとき直線 P_0P と直線 P_0H のなす角のことである(P_0 と H が一致するときは,そのなす角は $\dfrac{\pi}{2}$ である).

命題 8.21 $z = f(x,y)$ が点 (a,b) で全微分可能であるとき,平面

$$\alpha : z = f_x(a,b)(x-a) + f_y(a,b)(y-b) + f(a,b)$$

が曲面 $C : z = f(x,y)$ の点 $P_0(a,b,f(a,b))$ における接平面である.

【証明】 $A = f_x(a,b),\ B = f_y(a,b)$ とおく.$\bm{n} = \begin{pmatrix} -A \\ -B \\ 1 \end{pmatrix}$ は平面

$$\alpha : z = A(x-a) + B(y-b) + f(a,b)$$

の法ベクトルである.また曲面 C 上の点 $P(x,y,f(x,y))$ に対し

$$\bm{p} = \overrightarrow{P_0P} = \begin{pmatrix} x-a \\ y-b \\ f(x,y)-f(a,b) \end{pmatrix}$$ とおく.$\bm{n}$ と $\bm{p}$ のなす角を θ とすると

$$\begin{aligned}
|\cos\theta| &= \frac{|\bm{n}\cdot\bm{p}|}{|\bm{n}||\bm{p}|} \\
&= \frac{|-A(x-a)-B(y-b)+f(x,y)-f(a,b)|}{\sqrt{A^2+B^2+1}\sqrt{(x-a)^2+(y-b)^2+(f(x,y)-f(a,b))^2}} \\
&\leqq \frac{|-A(x-a)-B(y-b)+f(x,y)-f(a,b)|}{\sqrt{(x-a)^2+(y-b)^2}} \\
&= \frac{|\varepsilon(h,k)|}{\sqrt{h^2+k^2}} \to 0 \quad (P \to P_0)
\end{aligned}$$

(ただし $h = x - a$, $k = y - b$ とする．$\varepsilon(h,k)$ については全微分の定義を参照のこと)．

したがって点 P を P_0 に近づけたとき，$\cos\theta$ は 0 に近づくので θ は $\dfrac{\pi}{2}$ に近づく．よって直線 P_0P と平面 α のなす角は 0 に近づく． □

■ 合成関数の偏微分

命題 8.22 $z = f(x,y)$ が全微分可能で，$x = \varphi(t)$, $y = \psi(t)$ が微分可能ならば，合成関数 $z = f(\varphi(t), \psi(t))$ も微分可能で次式が成立する．

$$\frac{dz}{dt} = \frac{\partial z}{\partial x}\frac{dx}{dt} + \frac{\partial z}{\partial y}\frac{dy}{dt}$$

【証明】

$$\frac{dz}{dt} = \lim_{h \to 0} \frac{f(\varphi(t+h), \psi(t+h)) - f(\varphi(t), \psi(t))}{h} \tag{8.4}$$

である．

$$\varphi(t+h) = \varphi(t) + k,\ \psi(t+h) = \psi(t) + l$$

とおく．式 (8.4) の右辺の分子を

$$\begin{aligned}
\text{分子} &= f(\varphi(t+h), \psi(t+h)) - f(\varphi(t), \psi(t)) \\
&= f(\varphi(t) + k, \psi(t) + l) - f(\varphi(t), \psi(t)) \\
&= f_x(\varphi(t), \psi(t))k + f_y(\varphi(t), \psi(t))l + \varepsilon(k, l)
\end{aligned}$$

と変形する．$z = f(x,y)$ は全微分可能なので

$$\lim_{(k,l) \to (0,0)} \frac{\varepsilon(k,l)}{|k| + |l|} = 0$$

が成立する．よって

$$\lim_{h \to 0} \frac{\varepsilon(k,l)}{h} = \lim_{h \to 0} \frac{\varepsilon(k,l)}{|k|+|l|} \frac{|k|+|l|}{h}$$
$$= \lim_{(k,l) \to (0,0)} \frac{\varepsilon(k,l)}{|k|+|l|} \lim_{h \to 0} \frac{|k|+|l|}{h}$$
$$= 0 \times \left(\lim_{h \to 0} \frac{|k|}{h} + \lim_{h \to 0} \frac{|l|}{h} \right)$$
$$= 0 \times \{(\pm 1)\varphi'(t) + (\pm 1)\psi'(t)\} = 0$$

よって式 (8.4) の右辺は

$$\lim_{h \to 0} \frac{f(\varphi(t+h), \psi(t+h)) - f(\varphi(t), \psi(t))}{h}$$
$$= \lim_{h \to 0} \left\{ f_x\big(\varphi(t), \psi(t)\big) \frac{k}{h} + f_y\big(\varphi(t), \psi(t)\big) \frac{l}{h} + \frac{\varepsilon(k,l)}{h} \right\}$$
$$= \frac{\partial z}{\partial x} \frac{dx}{dt} + \frac{\partial z}{\partial y} \frac{dy}{dt}$$

となり主張が証明された. □

問題解答

問題 1.1 (1) 順に $\dfrac{\pi}{6}, \dfrac{\pi}{3}, \dfrac{\pi}{2}, \dfrac{2}{3}\pi, \dfrac{3}{2}\pi$ (2) 順に 45° 60° 150° 240°

問題 1.2

θ	0	$\dfrac{\pi}{6}$	$\dfrac{\pi}{4}$	$\dfrac{\pi}{3}$	$\dfrac{\pi}{2}$	$\dfrac{2\pi}{3}$	$\dfrac{3\pi}{4}$	$\dfrac{5\pi}{6}$	π
$\sin\theta$	0	$\dfrac{1}{2}$	$\dfrac{1}{\sqrt{2}}$	$\dfrac{\sqrt{3}}{2}$	1	$\dfrac{\sqrt{3}}{2}$	$\dfrac{1}{\sqrt{2}}$	$\dfrac{1}{2}$	0
$\cos\theta$	1	$\dfrac{\sqrt{3}}{2}$	$\dfrac{1}{\sqrt{2}}$	$\dfrac{1}{2}$	0	$-\dfrac{1}{2}$	$-\dfrac{1}{\sqrt{2}}$	$-\dfrac{\sqrt{3}}{2}$	-1
$\tan\theta$	0	$\dfrac{1}{\sqrt{3}}$	1	$\sqrt{3}$		$-\sqrt{3}$	-1	$-\dfrac{1}{\sqrt{3}}$	0

問題 1.4 (1) $y - b = (x - a)^2$ (2) $y - b = \sin(x - a)$

問題 1.5 $y = \dfrac{2}{a^2} x^2$

問題 1.6 4

問題 1.7 (1) 4 (2) $2a$

問題 1.8 答えは順に $2,\ \dfrac{1}{2},\ -1,\ -\dfrac{1}{2}$

問題 1.16 答えは順に 4, 2

問題 1.23 答えは順に 0, 1, $2x$

問題 1.24 答えは順に $-\dfrac{1}{x^2},\ \dfrac{1}{2\sqrt{x}}$

問題 2.5 (1) $y' = 4x^3 - 24x^2 + 6x$ (2) $y' = 9x^2 + 4x + 3$

(3) $-\dfrac{1}{(x+2)^2}$ (4) $\dfrac{-3}{(x-2)^2}$ (5) $\dfrac{-3x^2 + 2x + 6}{(x^2+2)^2}$

問題 2.10 (1) $y' = 2(x+1)$ (2) $y' = 6(2x-3)^2$

(3) $y' = 10x(x+1)(2x-3)^2$ (4) $y' = 1 - \dfrac{1}{x^2}$

(5) $y' = 3\left(x + \dfrac{1}{x}\right)^2 \left(1 - \dfrac{1}{x^2}\right)$ (6) $y' = \dfrac{-6x}{(x^2+1)^4}$

問題 2.11 (1) $y' = \dfrac{-x}{\sqrt{1-x^2}}$ (2) $y' = \dfrac{3x+2}{2\sqrt{x+1}}$

(3) $y' = \dfrac{x-1}{2\sqrt{x^3}}$ (4) $y' = \dfrac{2}{3\sqrt[3]{x}}$ (5) $y' = -\dfrac{3}{4\sqrt[4]{x^7}}$

問題 2.14 (1) 3 (2) $\dfrac{2}{3}$ (3) 5 (4) $\dfrac{5}{3}$ (5) $\dfrac{3}{2}$ (6) 2

問題 3.4 (1) $y' = -3\sin 3x$ (2) $y' = \dfrac{2}{\cos^2(2x-3)}$

(3) $y' = 2\sin x \cos x$ (4) $y' = \dfrac{2\tan x}{\cos^2 x}$

(5) $y' = 6\sin^2 2x \cos 2x$ (6) $y' = \dfrac{\sin x}{(1+\cos x)^2}$

(7) $y' = \dfrac{1}{2\sqrt{x}\cos^2\sqrt{x}}$ (8) $y' = \dfrac{2\cos x}{\sqrt{(1+\cos^2 x)^3}}$

問題 3.8 (1) $y' = \dfrac{1}{x}$ (2) $y' = \dfrac{2x}{x^2+1}$ (3) $y' = \dfrac{2\log x}{x}$

(4) $y' = -\tan x$ (5) $y' = 2e^{2x}$ (6) $y' = \dfrac{1}{2\sqrt{x}}e^{\sqrt{x}}$

(7) $y' = (1-3x)e^{-3x}$

問題 3.13 (1) $y' = -x^{-x}(\log x + 1)$

(2) $y' = \dfrac{1}{2}\sqrt{(x+1)(x+2)(x+3)}\left(\dfrac{1}{x+1} + \dfrac{1}{x+2} + \dfrac{1}{x+3}\right)$

問題 3.19 (1) $\dfrac{dy}{dx} = -\dfrac{\cos t}{\sin t} = -\dfrac{1}{\tan t}$ (2) $\dfrac{dy}{dx} = \dfrac{\sin t}{1-\cos t}$

問題 3.23 (1) $\dfrac{\pi}{4}$ (2) $\dfrac{5}{6}\pi$ (3) $\dfrac{\pi}{4}$

問題 3.24 (1) $\dfrac{2}{\sqrt{1-4x^2}}$ (2) $\dfrac{1}{2\sqrt{x(1-x)}}$ (3) $\dfrac{1}{\sqrt{x}(1+4x)}$

(4) $\dfrac{1}{x^2}\left(\dfrac{x}{1+x^2} - \arctan x\right)$

問題 4.2 $c = \dfrac{\pi}{2}$

問題 4.5 $c = 1, \theta = \dfrac{1}{4}$

問題 4.10 (1) $\dfrac{1}{2}$ (2) 1 (3) 1 (4) $\dfrac{1}{2}$

問題 4.14 $0 \leqq x \leqq \dfrac{\pi}{6}$, $\dfrac{5}{6}\pi \leqq x \leqq 2\pi$ で単調増加

$\dfrac{\pi}{6} \leqq x \leqq \dfrac{5}{6}\pi$ で単調減少.

問題 4.15 $y' = \dfrac{1 - \log x}{x^2}$ より $1 \leqq x \leqq e$ で単調増加,

$e \leqq x \leqq 3$ で単調減少. よって最大値は $\dfrac{1}{e}$ ($x = e$ のとき).

$0 < \dfrac{\log 3}{3}$ より最小値は 0 ($x = 1$)

問題 4.16 (1) $y^{(n)} = a^x (\log a)^n$ (2) $y^{(n)} = 3^n e^{3x}$.

問題 4.17

(1) $n = 1$ のとき. $y' = \cos x = \sin(x + \dfrac{\pi}{2})$ となり成立.

(2) $n = k$ のとき成り立つと仮定して $n = k + 1$ のときに成り立つことを示す.

$$y^{(k+1)} = (y^k)' = \left\{\sin\left(x + \dfrac{k\pi}{2}\right)\right\}' = \cos\left(x + \dfrac{k\pi}{2}\right)$$
$$= \sin\left\{x + \dfrac{(k+1)\pi}{2}\right\}$$

よって $n = k + 1$ のときに成り立つので任意の n に対して成立する.

問題 4.21 (1) $x + \dfrac{x^3}{3}$ (2) $x + x^2 + \dfrac{x^3}{3}$

問題 4.22 (1) $(\log a)^n \dfrac{x^n}{n!}$ (2) $3^n \dfrac{x^n}{n!}$ (3) $(-1)^m 3^{2m+1} \dfrac{x^{2m+1}}{(2m+1)!}$

問題 5.6

(1) $2\sqrt{x} + C$ (2) $-\dfrac{1}{2}x^{-2} + C$

(3) $\dfrac{1}{3}e^{3x+1} + C$ (4) $-\cos x + \dfrac{1}{3}\sin 3x + C$

(5) $\dfrac{1}{2}\log(1 + x^2) + C$ (6) $\dfrac{3}{\sqrt{2}}\arctan(\sqrt{2}x) + C$

(7) $\dfrac{1}{2}\arcsin 2x + C$ (8) $\tan x - x + C$

(9) $\dfrac{3^x}{\log 3} + C$ (10) $\dfrac{x}{2} - \dfrac{1}{4}\sin 2x + C$

(11) $\arcsin(x-1) + C$ (12) $\arctan(x-1) + C$

問題 5.10

(1) $-\sqrt{1-x^2} + C$ (2) $\dfrac{(x^2+1)^5}{5} + C$ (3) $\arcsin x^2 + C$

(4) $\dfrac{\cos^3 x}{3} - \cos x + C$ (5) $\sin x - \dfrac{1}{3}\sin^3 x + C$ (6) $e^{x^2} + C$

(7) $\arcsin \dfrac{x-2}{2} + C$ (8) $\dfrac{4}{\sqrt{3}} \arctan \dfrac{2x+1}{\sqrt{3}} + C$

(9) $\dfrac{1}{2}\arctan x^2 + C$ (10) $\dfrac{1}{3}\arcsin x^3 + C$

問題 5.14

(1) $x \arctan x - \dfrac{1}{2}\log(1+x^2) + C$

(2) $x \arcsin x + \sqrt{1-x^2} + C$

問題 5.16

(1) $\dfrac{1}{4}(2x-1)e^{2x} + C$ (2) $-x\cos x + \sin x + C$

(3) $\dfrac{e^{3x}}{10}(\sin x + 3\cos x) + C$

(4) $\dfrac{1}{72}(x-1)^8(8x+1) + C$ (5) $\dfrac{x^2}{4}(2\log x - 1) + C$

問題 5.20

(1) $\dfrac{1}{3}\log\left|\dfrac{x-1}{x+2}\right| + C$

(2) $\log\left|\dfrac{x-1}{x+2}\right| + \dfrac{2}{x-1} + C$

(3) $\log|x-1| - \dfrac{1}{2}\log(x^2+1) + \arctan x + C$

(4) $\dfrac{1}{3}\log \dfrac{(x-1)^2}{x^2+x+1} + C$

問題 5.24

(1) $\log\left|\tan \dfrac{x}{2}\right| + C$ (1) については $\dfrac{1}{\sin x}$ の分子分母に $\sin x$ を掛けて分母を $1 - \cos^2 x$ とし，$\cos x = t$ と置換積分する方法も考えられる．

(2) $-\dfrac{1}{\tan\dfrac{x}{2}}+C$

(3) $\log\left|1+\tan\dfrac{x}{2}\right|+C$

(4) $\log\left|\dfrac{1+\tan\dfrac{x}{2}}{1-\tan\dfrac{x}{2}}\right|+C$

問題 5.27

(1) $\dfrac{2}{3}\sqrt{(x-1)^3}+2\sqrt{x-1}+C$

(2) $\log\left|\dfrac{\sqrt{1-x}-1}{\sqrt{1-x}+1}\right|+C$ (3) $\log\left|\dfrac{\sqrt{1+x}-1}{\sqrt{1+x}+1}\right|+C$

問題 6.7 (1) 2 (2) 7 (3) $\sqrt{2}-1$ (4) $\dfrac{\pi}{12}$

問題 6.8 (1) 1, (2) 1, (3) $\dfrac{\pi}{4}$, (4) $\dfrac{\pi}{4}$

問題 6.11 (1) $\dfrac{2}{3}$, (2) $\dfrac{2}{3}$

問題 6.12 (1) $\dfrac{15}{8}$, (2) $\dfrac{2}{3}$

問題 6.15 (1) $\dfrac{\pi}{2}-1$, (2) 1, (3) $\dfrac{e^2+1}{4}$

問題 6.18 (1) 1000, (2) $\dfrac{\pi}{2}$

問題 6.21 (1) $\dfrac{1}{3}$, (2) 1000

問題 6.28 (1) $\dfrac{1}{3}$, (2) $\dfrac{2}{3}$, (3) 2, (4) $\dfrac{1}{2}e^4-\dfrac{3}{2}e^2+e$

問題 6.33 (1) $\dfrac{\pi}{2}(e^4-e^2)$, (2) $\dfrac{\pi^2}{2}$

問題 6.36 $\sqrt{5}$

問題 6.37 $\dfrac{1}{27}(13\sqrt{13}-8)$

問題 7.2

(1) $f_x(x,y)=2xy^3$, $f_y(x,y)\ 3x^2y^2$

(2) $z_x=2x-y$, $z_y=-x+2y$

(3) $z_x = ye^{xy}, \quad z_y = xe^{xy}$
(4) $z_x = \cos(x-y), \quad z_y = -\cos(x-y)$
(5) $z_x = -\dfrac{y}{x^2+y^2}, \ z_y = \dfrac{x}{x^2+y^2}$

問題 7.6
(1) $z = 3x + 12y - 18$
(2) $z = 3x + 2y - 6$
(3) $z = -\dfrac{1}{2}x - \dfrac{1}{2}y + \dfrac{3}{2}$

問題 7.9
(1) $2p(4p-1)t$
(2) $\cos^2 t - \sin^2 t = \cos 2t$
(3) $\dfrac{t^4 + 3t^2 - 2t}{(1+t^2)^2}$

問題 7.12
(1) $z_u = 3u^2v^2 + 2uv^3, \ z_v = 3u^2v^2 + 2u^3v$
(2) $z_u = 2u, \ z_v = 0$

付録　公式集

■　ギリシャ文字

アルファ	α	A
ベータ	β	B
ガンマ	γ	Γ
デルタ	δ	Δ
イプシロン	ε	E
ゼータ	ζ	Z
イータ	η	H
シータ	θ	Θ
イオタ	ι	I
カッパ	κ	K
ラムダ	λ	Λ
ミュー	μ	M

ニュー	ν	N
クシー	ξ	Ξ
オミクロン	o	O
パイ	π	Π
ロー	ρ	P
シグマ	σ	Σ
タウ	τ	T
ユプシロン	υ	Υ
ファイ	$\phi\ \varphi$	Φ
カイ	χ	X
プサイ	ψ	Ψ
オメガ	ω	Ω

■　三角関数の公式

(1) $\sin^2\theta + \cos^2\theta = 1,\ \tan x = \dfrac{\sin x}{\cos x}$

(2) $\sin(-x) = -\sin x,\ \cos(-x) = \cos x,\ \tan(-x) = -\tan x$

(3) $\sin(x+2\pi) = \sin x,\ \cos(x+2\pi) = \cos x,\ \tan(x+\pi) = \tan x$

(4) 加法定理

$$\sin(x+y) = \sin x \cos y + \cos x \sin y$$
$$\cos(x+y) = \cos x \cos y - \sin x \sin y$$

(5) 倍角公式

$$\sin 2x = 2 \sin x \cos x$$
$$\cos 2x = \cos^2 x - \sin^2 x = 2\cos^2 x - 1 = 1 - 2\sin^2 x$$

(6) $\cos^2 x = \dfrac{1+\cos 2x}{2}, \ \sin^2 x = \dfrac{1-\cos 2x}{2}$

(7) $1 + \tan^2 x = \dfrac{1}{\cos^2 x}$

(8) $\cos\left(x+\dfrac{\pi}{2}\right) = -\sin x, \ \cos\left(x-\dfrac{\pi}{2}\right) = \sin x$

$\sin\left(x+\dfrac{\pi}{2}\right) = \cos x, \ \sin\left(x-\dfrac{\pi}{2}\right) = -\cos x$

■ 積・商の導関数

(1) $(cf(x))' = cf'(x)$ ただし c は定数
(2) $(f(x) \pm g(x))' = f'(x) \pm g'(x)$
(3) $(f(x)g(x))' = f'(x)g(x) + f(x)g'(x)$
(4) $\left(\dfrac{1}{g(x)}\right)' = -\dfrac{g'(x)}{g(x)^2}$
(5) $\left(\dfrac{f(x)}{g(x)}\right)' = \dfrac{f'(x)g(x) - f(x)g'(x)}{g(x)^2}$

■ 対数法則

(1) $\log_a 1 = 0$
(2) $\log_a a = 1$
(3) $\log_a xy = \log_a x + \log_a y$
(4) $\log_a x^c = c \log_a x$

(5) $\log_a x = \dfrac{\log_b x}{\log_b a}$, $(b > 0,\ b \neq 1)$

■ 色々な関数の導関数

(1) $(x^c)' = cx^{c-1}$, $(\sqrt{x})' = \dfrac{1}{2\sqrt{x}}$

(2) $(\sin x)' = \cos x$

(3) $(\cos x)' = \sin x$

(4) $(\tan x)' = \dfrac{1}{\cos^2 x}$

(5) $(\log x)' = \dfrac{1}{x}$, $(\log |x|)' = \dfrac{1}{x}$

(6) $(\log f(x))' = \dfrac{f'(x)}{f(x)}$, $(\log |f(x)|)' = \dfrac{f'(x)}{f(x)}$

(7) $(e^x)' = e^x$

(8) $(a^x)' = a^x \log a$

(9) $(\arcsin x)' = \dfrac{1}{\sqrt{1-x^2}}$

(10) $(\arccos x)' = -\dfrac{1}{\sqrt{1-x^2}}$

(11) $(\arctan x)' = \dfrac{1}{1+x^2}$

■ 不定形の極限・ロピタルの定理

$\displaystyle\lim_{x \to a} \dfrac{f(x)}{g(x)} = \lim_{x \to a} \dfrac{f'(x)}{g'(x)}$

■ マクローリン展開

$f(x) = f(0) + f'(0)x + f''(0)\dfrac{x^2}{2!} + \cdots + f^{(n)}(0)\dfrac{x^n}{n!} + \cdots$

■ 不定積分の公式

(1) $\int x^\alpha \, dx = \dfrac{x^{\alpha+1}}{\alpha+1} + C \ (\alpha \neq -1)$

(2) $\int \dfrac{1}{x} \, dx = \log|x| + C$

(3) $\int \dfrac{f'(x)}{f(x)} \, dx = \log|f(x)| + C$

(4) $\int e^x \, dx = e^x + C$

(5) $\int a^x \, dx = \dfrac{a^x}{\log a} + C \ (a > 0, a \neq 1)$

(6) $\int \sin x \, dx = -\cos x + C$

(7) $\int \cos x \, dx = \sin x + C$

(8) $\int \dfrac{1}{\cos^2 x} \, dx = \tan x + C$

(9) $\int \dfrac{1}{\sqrt{1-x^2}} \, dx = \arcsin x + C$

(10) $\int \dfrac{1}{1+x^2} \, dx = \arctan x + C$

索　引

[ア行]
アークコサイン …………… 40
アークサイン ……………… 38
アークタンジェント ………… 41

一般角 ……………………… 2

オイラーの公式 …………… 59

[カ行]
回転体の体積 ……………… 93
拡大・縮小 ………………… 6
加法定理 ……………… 3, 128
関数の極限 ………………… 7
関数の増減 ………………… 49

逆関数 ……………………… 23
逆三角関数 ………………… 38
曲線の長さ ………………… 94

グラフの移動 ……………… 5

係数比較法 ………………… 72
原始関数 …………………… 61

広義積分 …………………… 84
高次導関数 ………………… 51
合成関数 …………………… 22
合成関数の偏微分 ………… 100
恒等式 ……………………… 71

コーシーの平均値の定理 …… 46
弧度法 ……………………… 1

[サ行]
サイクロイド ……………… 36

指数関数 …………………… 30
指数法則 …………………… 20
真数 ………………………… 26

数値代入法 ………………… 71

正の向き …………………… 2
積分定数 …………………… 61
積分の平均値の定理 ………… 80
接線 ………………………… 17
接平面 ……………………… 99
全微分可能 ………………… 98

増減表 ……………………… 50

[タ行]
対称移動 …………………… 6
対数 ………………………… 26
対数関数 …………………… 31
対数微分法 ………………… 34
対数法則 …………………… 26
体積 ………………………… 92
単調関数 …………………… 23
単調減少関数 ……………… 23

単調増加関数 …………… 23

値域 ……………………… 15
置換積分 ……………… 65, 82

定義域 …………………… 15
定積分 …………………… 79
定積分の基本性質 ……… 80
テイラー展開 …………… 55
テイラーの定理 ………… 54

導関数 …………………… 17
度数法 …………………… 1

[ナ行]
ネイピアの数 …………… 31

[ハ行]
媒介変数 ………………… 35
媒介変数表示 …………… 35
倍角公式 ……………… 3, 128
博士の愛した数式 ……… 59
はさみうちの原理 ……… 10
発散 ……………………… 8
パラメーター表示 ……… 35

左側極限値 ……………… 8
微分可能 ……………… 15, 17
微分係数 ………………… 15
微分する ………………… 17

符号関数 ………………… 9
不定形 …………………… 47
不定積分 ………………… 61
負の向き ………………… 2

部分積分 ……………… 68, 83
部分分数分解 …………… 70
分数式の積分 …………… 70

平均値の定理 …………… 44
平均変化率 ……………… 15
平行移動 ………………… 5
偏導関数 ………………… 97
偏微分可能 ……………… 97
偏微分係数 ……………… 97

[マ行]
マクローリン展開 ……… 56

右側極限値 ……………… 8

無限区間 ………………… 14
無限積分 ………………… 86
無限大 …………………… 8
無理式の積分 …………… 77

面積 ……………………… 87

[ヤ・ラ・ワ行]
有限区間 ………………… 14

ラジアン ………………… 1

累乗 ……………………… 20

連続 ……………………… 12

ロピタルの定理 ………… 47
ロールの定理 …………… 43

memo

memo

memo

〈著者紹介〉

来嶋　大二（きじま　だいじ）

略　　歴
広島大学大学院理学研究科数学専攻博士前期課程修了．
元　　　　近畿大学工学部教授．理学博士．

田中　広志（たなか　ひろし）

略　　歴
岡山大学大学院自然科学研究科数理電子科学専攻博士後期課程修了．
現　在　近畿大学工学部講師．博士（理学）．

小畑　久美（こばた　くみ）

略　　歴
近畿大学大学院総合理工学研究科理学専攻博士後期課程修了．
現　在　近畿大学工学部助教．博士（理学）．

これだけはつかみたい **微分積分** Basic Differential and Integral you should know 2015 年 2 月 25 日　初版 1 刷発行 2023 年 2 月 10 日　初版 6 刷発行	著　者 発行者 発行所	来嶋大二 田中広志　ⓒ 2015 小畑久美 南條光章 共立出版株式会社 〒112-0006 東京都文京区小日向 4-6-19 電話番号　03-3947-2511（代表） 振替口座　00110-2-57035 共立出版ホームページ www.kyoritsu-pub.co.jp
	印　刷 製　本	大日本法令印刷 協栄製本
検印廃止 NDC 413.3 ISBN 978-4-320-11105-9		一般社団法人 自然科学書協会 会員 Printed in Japan

---

JCOPY　〈出版者著作権管理機構委託出版物〉

本書の無断複製は著作権法上での例外を除き禁じられています．複製される場合は，そのつど事前に，出版者著作権管理機構（TEL：03-5244-5088，FAX：03-5244-5089，e-mail：info@jcopy.or.jp）の許諾を得てください．

◆ 色彩効果の図解と本文の簡潔な解説により数学の諸概念を一目瞭然化！

ドイツ Deutscher Taschenbuch Verlag 社の『dtv-Atlas事典シリーズ』は，見開き2ページで1つのテーマが完結するように構成されている．右ページに本文の簡潔で分り易い解説を記載し，かつ左ページにそのテーマの中心的な話題を図像化して表現し，本文と図解の相乗効果で理解をより深められるように工夫されている．これは，他の類書には見られない『dtv-Atlas事典シリーズ』に共通する最大の特徴と言える．本書は，このシリーズの『dtv-Atlas Mathematik』と『dtv-Atlas Schulmathematik』の日本語翻訳版．

カラー図解 数学事典

Fritz Reinhardt・Heinrich Soeder [著]
Gerd Falk [図作]
浪川幸彦・成木勇夫・長岡昇勇・林　芳樹 [訳]

数学の最も重要な分野の諸概念を網羅的に収録し，その概観を分り易く提供．数学を理解するためには，繰り返し熟考し，計算し，図を書く必要があるが，本書のカラー図解ページはその助けとなる．

【主要目次】　まえがき／記号の索引／序章／数理論理学／集合論／関係と構造／数系の構成／代数学／数論／幾何学／解析幾何学／位相空間論／代数的位相幾何学／グラフ理論／実解析学の基礎／微分法／積分法／関数解析学／微分方程式論／微分幾何学／複素関数論／組合せ論／確率論と統計学／線形計画法／参考文献／索引／著者紹介／訳者あとがき／訳者紹介

■菊判・ソフト上製本・508頁・定価6,050円(税込)■

カラー図解 学校数学事典

Fritz Reinhardt [著]
Carsten Reinhardt・Ingo Reinhardt [図作]
長岡昇勇・長岡由美子 [訳]

『カラー図解 数学事典』の姉妹編として，日本の中学・高校・大学初年級に相当するドイツ・ギムナジウム第5学年から13学年で学ぶ学校数学の基礎概念を1冊に編纂．定義は青で印刷し，定理や重要な結果は緑色で網掛けし，幾何学では彩色がより効果を上げている．

【主要目次】　まえがき／記号一覧／図表頁凡例／短縮形一覧／学校数学の単元分野／集合論の表現／数集合／方程式と不等式／対応と関数／極限値概念／微分計算と積分計算／平面幾何学／空間幾何学／解析幾何学とベクトル計算／推測統計学／論理学／公式集／参考文献／索引／著者紹介／訳者あとがき／訳者紹介

■菊判・ソフト上製本・296頁・定価4,400円(税込)■

www.kyoritsu-pub.co.jp　　共立出版　　(価格は変更される場合がございます)